书山有路勤为径，优质资源伴你行
注册世纪波学院会员，享精品图书增值服务

你 也可以 不焦虑

——与焦虑和解的 10个简单方法

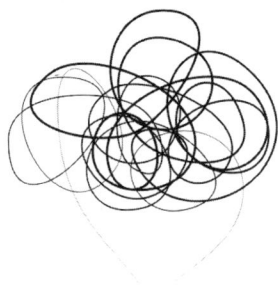

[美] 大卫·A.卡博内尔 著
David A.Carbonell

陈冬冬 译

OUTSMART
YOUR
ANXIOUS
BRAIN

电子工业出版社
Publishing House of Electronics Industry
北京·BEIJING

版权贸易合同登记号　图字：01-2020-3456

图书在版编目（CIP）数据

你也可以不焦虑：与焦虑和解的10个简单方法 /（美）大卫·A.卡博内尔（David A. Carbonell）著；陈冬冬译. —北京：电子工业出版社，2021.12

书名原文：Outsmart Your Anxious Brain: Ten Simple Ways to Beat the Worry Trick

ISBN 978-7-121-42423-6

Ⅰ.①你… Ⅱ.①大…②陈… Ⅲ.①焦虑—心理调节—通俗读物 Ⅳ.① B842.6-49

中国版本图书馆 CIP 数据核字（2021）第 241587 号

责任编辑：卢小雷
印　　刷：三河市良远印务有限公司
装　　订：三河市良远印务有限公司
出版发行：电子工业出版社
　　　　　北京市海淀区万寿路173信箱　　邮编：100036
开　　本：880×1230　1/32　印张：7.25　字数：122千字
版　　次：2021年12月第1版
印　　次：2021年12月第1次印刷
定　　价：58.00元

凡所购买电子工业出版社图书有缺损问题，请向购书店调换。若书店售缺，请与本社发行部联系，联系及邮购电话：（010）88254888，88258888。

质量投诉请发邮件至zlts@phei.com.cn，盗版侵权举报请发邮件至dbqq@phei.com.cn。

本书咨询联系方式：（010）88254199，sjb@phei.com.cn。

本书赞誉

你是否遇到过来自焦虑、担忧、恐慌或恐惧的挑战？这里有一条战胜这些挑战的捷径：

1. 购买大卫·A.卡博内尔的新书《你也可以不焦虑》。

2. 仔细阅读本书。大卫·A.卡博内尔的作品幽默而富有同情心。相信你会笑着读完本书！

3. 请把对你有帮助的段落划出来，或者使用便利贴标记出来。

4. 养成重温你标记的那些内容的习惯。现在，你就拥有了一种随时可以用上的资源，帮助你在克服焦虑症方面取得成功！

——自助倡导者、美国焦虑与抑郁协会会员、美国焦虑与抑郁协会公共教育委员会联合主席尼尔·塞德曼（Neal Sideman）

这是大卫·A.卡博内尔出版的又一本书。他的文字充满智慧，简洁精练，他在书中使用令人愉快和难忘的隐喻，以帮助你战胜焦虑症。他提出了10种简单而有效的方法来将你的生活拉回正轨。我强烈推荐本书！

——婚姻与家庭治疗师、《跳出猴子思维》一书的作者詹妮弗·香农（Jennifer Shannon）

无论你是否患有社交焦虑症、强迫症、恐慌症或其他形式的焦虑症，本书都能对你改善生活有所帮助。大卫·A.卡博内尔在这本重要读物中毫不费力地解释了所有常见的导致焦虑症的罪魁祸首。他在书中除了运用幽默、实用的类比和现实生活中的例子，还提供了一些具有战略高度的建议来帮助你缓解担忧，改变焦虑心态。这是一本基于实验性证据的必读书，任何一位想战胜那种有如龙卷风般破坏你的精神健康的焦虑症的读者，都应当阅读本书。

——心理学博士、临床心理学家、美国专业心理学会成员、快速缓解焦虑自由中心创始人、《卓有成效的成功的你》一书的作者珍妮·C. 伊普（Jenny C. Yip）

大卫·A.卡博内尔花了数十年时间深入研究如何用寥寥数语来解释复杂而微妙的概念，本书就是一个很好的例子。本书看似轻松，却颠覆了人们对焦虑的本能反应，说服读者采取与直觉相反的行为来缓解焦虑。他清晰地阐明了我们经常忽略的基本原则，例如，实现目标的规则在外部现实和内部体验之中是不一样的。或者，"直面恐惧"并不意味着"对抗"，而是"合作"。这是一本必读之书！

——心理学博士、《解锁直面闯入性思维》
《肯定需要知道》等书的作者
萨莉·温斯顿（Sally Winston）

本书将改变人们的生活。没有人能像大卫·A.卡博内尔那样解释焦虑症并且给出明确的解决方案。他的这本短小、简单、幽默的书，将帮助你理解焦虑是怎么"欺骗"你的，书中向你介绍了强大而具体的技巧，让你重回生活正轨。

——执业临床专业咨询师、伊利诺伊州威洛布鲁克生命咨询研究所的创始人和临床主任
玛丽莉·费尔德曼（Marilee Feldman）

这本精彩的书给读者提供了实用的建议，以克服焦虑和担忧。大卫·A.卡博内尔给出了一些明智的建议，告诉你如何去做你害怕的事情，这样你就会变得不那么害怕，而不是等你变得不那么害怕之后再开始行动。这样你就可以放手去做对你来说最重要的事情。

——卫生服务管理硕士、焦虑症认知行为治疗中心首席执行官

黛布拉·基森博士（Debra Kissen）

作为大卫·A.卡博内尔的《忧虑的"骗术"》的"续集"，本书将他的实用建议不仅应用于慢性忧虑症患者，还应用于恐慌症、强迫症、社交焦虑症和恐惧症患者。他机智、清晰、看似漫不经心的话语，以及书中令人难忘的隐喻和练习，都能帮助读者不再把不舒服的感觉当成危险。我将热情地向我的焦虑症患者（和朋友们）推荐本书。

——私人诊所心理学家、华盛顿大学心理和精神学系临床讲师、认知疗法学会的创始成员和注册教练兼顾问大卫·J.科辛斯博士（David J. Kosins）

作为一个有着焦虑症和恐惧症病史的人，作为一个社会工作者，作为一个负责了焦虑症和恐惧症项目20多年的协调员，我将全心全意地向我的同事和患者推荐大卫·A.卡博内尔的新书。大卫·A.卡博内尔有一种特殊的天赋，能以幽默和慈悲之心向患者提供实用的、有疗效的指导。

——社会工作者、圣文森特医院行为健康服务中心焦虑症与恐惧症项目协调员

朱迪·切萨（Judy Chessa）

大卫·A.卡博内尔的这本新书《你也可以不焦虑》是心理治疗师都要购买的书。大卫·A.卡博内尔提炼了很多关于如何更好地治疗焦虑症的最新文献，他出色地将自己从30多年治疗焦虑症的经验中获得的智慧与文献中的最新发现结合在一起，写出了一本非常实用的书。书中充满了临床见解，介绍了一些具体的工具，以便读者更好地理解和克服焦虑症。我特别喜欢大卫·A.卡博内尔介绍的练习方式，他还在书中举例说明了他的一些患者如何使用这些练习并从中受益。如果你或者你关心的人患有焦虑症，请购买、阅读和使用本书！我急切地期待本书的出版，这样我就

可以把它推荐给我的患者了。

——波特兰焦虑症和恐慌症治疗中心创始人兼董事罗伯特·W.麦克莱伦博士（Robert W. McLellarn），具有超过30年治疗焦虑症的经验。

大卫·A.卡博内尔带着他标志性的温暖和幽默风格回来了，他帮助读者每时每刻都与焦虑症"合作"。多年来，他一直在治疗像你我这样的焦虑症患者，他发现，问题出在患者们的回避行为，而不是焦虑症本身。想知道快速恢复的秘诀吗？想想焦虑症促使你做什么，然后反其道而行之。我建议你一章接着一章读下去，拿起笔在页边空白处做笔记，然后走出去，重新开始你的生活。美好生活一直在等着你！

——注册硕士社会工作者克里斯汀·E.卡明斯（Kristin E. Cummings）

谨以此书献给艾伦（Ellen）

推荐序

在这个快速变化的时代，人们都在不断地追逐，不断地行动，而行动的背后就是源源不断的念头，如奔腾不息的河流，片刻无歇。世界上最快的速度不是光，不是电，而是我们的念头，人们在用不断的行动和不停止的想法来追逐自我，其内心必然是炽盛如火的焦虑！

这是一本契合时代的实用工具书，让生活在忙碌中、深陷在焦虑痛苦中的人们，开始正视焦虑，并摆脱焦虑。

本书作者是一位很有智慧的人，他能透过大量的现象挖掘焦虑背后的共性和真相。比如，焦虑生起是很自然的，重点在于不要试着习惯性地去阻止和对抗，因为你越干预焦虑，焦虑获得的力量就越大，你会被它控制，难以摆脱，就会加重痛苦。同时逃避和转移注意力也不是最好的办法，作者反而要你正视焦虑，不再赋能与它，坚持下去，焦虑就会崩塌、消融。

本书作者是一位有着丰富心理疾病治疗经验的专家，30多年来一直在从事治疗焦虑症的临床工作。他从理论、观察和经验中提炼出这本工具书，其内容短小、简单而又非常实用。书中所举例子都是生活中常见的情景，并提供了十个针对性的具体方法，方便读者"按方抓药"。另外，值得称赞的是译者的文风清新，文辞简洁，遣词用句准确，易于读者接受和理解。

需要提醒的是：本书提供的具体方法看似简单有效，可要想取得效果，需要真正的行动。不能行者，纵学再多，遇事就烦；真能行者，坚持下去，焦虑就不能影响你，所谓"万念空中过，丝缕不缠身"。

就让我们从这本书开始，真正理解什么是焦虑，揭开焦虑的"骗局"，回归自在快乐的生活！

孟勇

百仕瑞集团董事长

序

如果你有焦虑症，那就读读本书吧；如果你爱的人有焦虑症的症状，那就让他们读读本书吧；如果你是治疗焦虑症的专家，那你一定要读本书，并把它推荐给你的患者。我相信，他们都会感谢你的。

你是否知道，焦虑症会"制造"骗局，即使你付出重重努力，也很难摆脱它的"骗术"？在这本精彩绝伦的书中，大卫·A.卡博内尔博士用简单、清晰、明快的语言向你解释了焦虑症的"骗术"，它们会藏在你的脑中，等待时机，随时准备侵入你的意识。而且作者还解释了如何摆脱焦虑症的"骗术"，给出了帮你康复的具体原则和方法。

自从心理治疗师要求焦虑症患者改变自己的想法、学会放松、练习停止思考或减轻压力以来，焦虑症的治疗历经了戏剧性的转变。这些方法也许都不是坏主意，但是在帮助患者摆脱焦虑症上并不那么有效。你可能也早就发现了这个问题。在本书中，作者将把"真经"倾囊相授，这些方法都是经过实践检验且行之有效的。

在治疗焦虑症方面，大卫·A.卡博内尔是一位先锋人物，他观察力敏锐，一直在引领最创新和最有效的方法，本书的出版巩固了他在这一领域的领军者地位。作者举了个有趣的例子：他让你不要将焦虑症称为"Anxiety attack"，原因在于，焦虑症不会攻击（attack）你。试想一下，当你坠入爱河时，你会说你正经历一场"爱的攻击"（Love attack）吗？你不会。大卫·A.卡博内尔建议你把焦虑看成一种体验，因为如果你视焦虑为攻击，你就会试图反击。但是，事与愿违，反击只会让焦虑变得更加强大。这就是焦虑症的"骗术"之一。大卫·A.卡博内尔将向你解释并告诉你如何化解这个"骗术"。

大卫·A.卡博内尔举重若轻。焦虑症的治疗有其复杂与微妙的一面，令人吃惊的是，他能以如此清晰的方式呈现出来（你会发现，在阅读的过程中，经常会有一种心领神会的感觉："的确就是这么回事，为什么我以前没发现呢？"）。而且，本书字里行间都流露出作者独特的幽默感。大卫·A.卡博内尔将向你介绍应对担忧的"倚绳战术"[1]（并且解释如何避免成为"笨蛋"）；让你了解为什么幽默对待担忧的事情会比一直担忧更好，把担忧的事情写成俳句或打油诗有什么好处，以及在学习战胜担忧的诀窍时转移注意力（不是太好的方法）与细心观察（好得多）间的本质区别。辞简理博，本书竟然将现代焦虑症治疗所涵盖的浩如烟海的信息，轻松提炼成10种简单的方法！

书中，大卫·A.卡博内尔提出了相对法则、治疗性的主动接触的基本组成部分（他将其称为"练习"），列举了焦虑症"欺骗"你的诸多方式，提醒你专注于你做的事情而不是你的感觉。另外，他还提出一个建议：在焦虑的时候，呼气通常比吸气更有效。这是对的，不要总相信那些告诉你"深吸气"的人。

用大卫·A.卡博内尔的话来说，焦虑是违反直觉的。他介绍了一种具体而有效的方法来运用他的这一

---

1. "倚绳战术"（rope-a-dope）最初发生在拳击比赛中。在1974年世界拳王大赛上，拳王阿里靠在围绳上任由对手福尔曼攻击，因为拳坛四周是有绳子围着的，所以倚靠着绳子，即使挨打，也不至于掉下去，同时可以一直寻找反击的机会。阿里一直挨打到第8回合终于瞅准机会将对手一举击倒。——译者注

领悟，同时练习他的方法来摆脱焦虑的"骗术"。大卫·A.卡博内尔用首字母缩写词"AWARE"来概括他的方法，这种方法包含5个步骤，无论你处在某个练习阶段，还是在任何高度焦虑的经历中都可实施。这些步骤包括接受（Accept）、观察（Watch）、行动（Act）、重复（Repeat）和结束（End）。我特别喜欢"结束"这个词，因为它强调了这样一个事实：所有的焦虑经历都有一个开始、发展和结束的过程——这就打破了焦虑者的习惯性认知，他们经常认为焦虑是"无尽的噩梦"。

在一个重要而独特的章节中，大卫·A.卡博内尔讨论了羞耻感和隐藏想法在持续焦虑中所扮演的角色。他指出，羞耻感和隐藏想法会促使我们采取逃避和转移注意力的方式，从而强化焦虑。大卫·A.卡博内尔讨论了将担忧情绪隐藏起来（保密）和对自己的焦虑保持合理的诚实、开放心态（自我表露）的利与弊，并给出了关于合理的自我表露尝试的具体建议。

本书可谓大卫·A.卡博内尔博士的巅峰之作——简洁、幽默、敏锐、有创意、有理有据。我很荣幸能向你介绍本书。请相信我，在读完本书后，你将获得全新的视角，掌握克服害人的焦虑情绪的工具，从而摆脱焦虑的折磨。

——美国焦虑与抑郁协会共同创始人、《每个心理治疗师都需要知道的关于焦虑症的知识》《克服不想要的侵入性想法》《肯定需要知道》的作者马丁·N.塞义夫博士（Martin N. Seif）

引言

我们生活在一个"焦虑时代"，美国大约有4500万人（全球大约有数亿人）患有慢性焦虑症。焦虑症不是意味着你有多么焦虑，而是你不得不日复一日地与焦虑和担忧做斗争。

焦虑症患者不仅把焦虑简单地当作紧张情绪来对待，还把它当成一种威胁。如果焦虑与竭尽全力不让自己感到焦虑相融合，就会形成一种恶性循环：产生预期性焦虑的症状，即害怕、对抗并逃避它们，然后又无路可逃，不得不体验它们，接下来更加害怕它们，然后竭尽全力制止焦虑，换来的却是更加焦虑。

本书提供了10种简单的方法来帮你中断和打破这种恶性循环，从慢性焦虑症中恢复过来。

焦虑症有几种截然不同的类型：恐慌症、社交焦虑症、广泛性焦虑症、强迫症，以及其他各种各样的恐惧症。它们有一个共同点，就是当人们在回望焦虑中的困境，以及拼尽全力想要摆脱焦虑时，会绝望地发现："越苦苦挣扎，只会陷得越深！"

我们都会本能地对抗和逃避焦虑，殊不知这样的做法往往将普通的焦虑情绪转化成焦虑症。事与愿违，我们与焦虑症的斗争反而让我们满脑子都是忧心忡忡的想法，身体也出现各种毛病，行为变得杯弓蛇影，情绪也变得消极。我们将焦虑、恐慌和担忧视为一种外部威胁，而不是一种内在反应。当它们出现时，我们会抵制它们，而当它们不存在时，我们又在担心它们出现。我们与焦虑形成了一种争论的、对抗的关系，遗憾的是，这只会让焦虑症恶化而不是好转。本书将在克服慢性焦虑症上为你指点迷津，为你提供一种更加具有适应性的方法来应对焦虑。

而且，我们描述和标记焦虑的方式，常常也对摆脱焦虑毫无帮助，甚至适得其反。我们所说的"恐慌发作"根本就不是一种攻击，它只是你的一种反应。有时候，经历恐慌的人甚至不知道自己对什么感到恐慌，这根本就无法构成任何形式的攻击。当我们认为自己受到攻击时，我们会本能地奋起反抗。当眼下并没有什么危险需要防御时，这种防御的努力就会不断地搅乱局面，使生活变得更糟。

　　"焦虑症"这个词本身就具有误导性。焦虑并不是焦虑症的特征，与焦虑症做斗争才是焦虑症的特征。下一次修订《精神障碍病人的诊断和统计手册》（*Diagnostic and Statistical Manual of Mental Disorders*，DSM）时，应当将这个词换掉。对我们现在所说的"焦虑症"，更恰当的称呼应是"过度自我保护障碍"，因为这才是它们实际运行的方式。

违反直觉的问题

　　慢性焦虑症是一个需要用违反直觉的处理方式才能解决的问题。如果你的小狗挣脱了皮带，沿着街道乱跑，你的直觉反应可能就是追赶它。但这样只会让小狗跑得更快，因为它喜欢被追逐的游戏。如果你掉转头来，从小狗身边跑开，它就会反过来追你，这样问题就解决了。

　　焦虑症是反直觉的，因此，当人们以直觉应对这个反直觉的问题时——就像追赶小狗一样——只会让他们的焦虑症雪上加霜而不是否极泰来。直觉的选择通常是对抗你不想要的东西。但是，对抗你不想要的想法、情绪和身体的感觉，通常会让你感觉更糟而不是更好。

一件衣服，你喜欢就穿上，不喜欢就换一件，你可以随心所欲，决定权完全掌握在你手里。但是，对于你不喜欢的想法或身体的感觉，你会采用停止思考甚至自我肯定的方式，想尽办法来摆脱它们，然而这些努力都是徒劳的。那些症状很可能卷土重来，重新占领你的思想和身体。

对于那些你不想要的东西，你可以把它们扔进垃圾桶，眼不见心不烦。它们果然再也不会回来了。但是，你无法轻易抛弃那些你不想要的想法、情绪和身体的感觉——你越想摆脱它们，它们就会越顽固地回来。这是我们与生俱来的特征。如果"越苦苦挣扎，只会陷得越深"这句话对你来说是正确的，也并不意味着你无药可救，只是说明你用来缓解焦虑的方法出了问题。

焦虑症的症状往往令人不舒服，而且看起来十分霸道，它们会"欺骗"你，让你把它们当成一种威胁来处理。经历过强烈焦虑的人们不喜欢这种感觉，本能地希望焦虑走得越远越好，这就类似这样一种情况：当司机在结冰的道路上开车时，车轮发生打滑，车子朝着电线杆撞去，司机在惊恐之下，想要阻止这种情况发生。然而，他越拼命地踩下刹车，竭尽全力地阻止打滑，越可能导致撞车，因为他想采取的解决方案是踩刹车，但这一行为反而火上浇油，使车子更容易打滑，而不是阻止车子碰撞。无独有偶，人们普遍采取的应对焦虑的所有方法，往往产生的是适得其反的效果，即让焦虑的症状来得更加猛烈，而不会有些许的缓和。

慢性焦虑症的特征是，即使没有任何特定的危险会出现，人们也会持续地感到害怕。正因为如此，人们纷纷来到我的办公室或全美国成千上万的专业人士的办公室，寻求我和其他专业人士的帮助。你可能也是因此才读本书吧？人们意识到，他们的焦虑和担忧并不会提供一个他们可以用来保护自己的有用而及时的危险信号。相反，会触发一个长期的、重复的"错误警报"。当他们对这种警报信以为真，并且试图保护自己时，无论怎样都无法提高他们的安全系数，同时让他们的生活变得凌乱不堪，再也没什么乐趣了。他们不得不放弃人身自由和各种活动，但也没有换回更多安全感。一切皆成为徒劳。这就是为什么人们如此迫切地想要克服慢性焦虑症。

焦虑症的"骗术"

慢性焦虑症根本的"骗术"就在于：它会让你把焦虑的不舒服的感觉当成危险来对待。当人们发现自己在这种"骗术"中泥足深陷时，焦虑症就发展到了顶峰状态。而人们之所以在处理这些问题时会遇到重重困难，是因为他们往往采用那些他们以为能够平息焦虑的方式来应对，但这实际上只会使焦虑症变得更难应对，时间也更加持久。他们被焦虑症"骗"了。在我的第一本书《恐慌症工作手册》（*Panic Attacks Workbook*）中，我介绍了消除恐慌症以克服对恐慌症的害怕与恐惧的技巧。在我的第二本书《忧虑的"骗术"》（*The Worry Trick*）中，我告诉人们如何识别慢性忧虑症的"骗术"，以克服通常与广泛性焦虑症有关的强迫性焦虑。

恐慌症患者往往把他们的身体症状（如心率变化、呼吸困难、胸闷等）错误地当成一个迫在眉睫的危险信号。广泛性焦虑症患者往往将其忧心忡忡的"如果……怎么办"的想法错误地当成未来的危险信号。不论是哪种情况，患者都会与这些症状斗争和对抗，希望自己能感觉好一些，结果却发现自己的感觉变得更加糟糕。如果他们采用一种反直觉的措施，与焦虑和担忧的感觉"合作"而不是"对抗"，反而会让他们好过一些。

伴随着焦虑，往往会产生各种各样的症状——身体上的感觉、担忧的想法、恐惧的情绪和反射性的行为——它们都在诉说同样的意思："我紧张，我害怕。"它们是同一种紧张状态的不同表现方式。例如，手心出汗的经历与因想到晕厥或呼吸困难而产生的恐惧想法存在一定的关联性，如同一枚硬币的正反两面，它们都是在感到紧张时的不同表现方式，就像冰激凌有各种口味一样。当焦虑和担忧"欺骗"了我们时，我们就不再简单地把它当作紧张情绪来看待，而是开始把它当作危险来对待。而这样的方式反而让事情变得更糟而不是更好。

在本书中，我将向你展示，当面对各种各样的烦恼（担忧、害怕、恐慌和焦虑）时，人们是如何通过10种切实可行的方法，巧妙地识别由焦虑和担忧所不断抛出的"骗术"的。当水底的鱼儿学会了留意那诱人的鱼饵里藏着的索命鱼钩时，它们就学会了不去咬钩，你也将在本书中学到类似的方法。当你学会了如何留意深藏在焦虑中的"骗术"，并且掌握了运用反直觉的方法来应对它时，你就能把你的时间、注意力和精力投入到所有你感兴趣的、对你来说很重要的活动中，一如慢性焦虑症闯进你的生活之前那样。在此，我将向你介绍10种简单的方法，你可以用这些方法来缓解而不是对抗困扰你已久的焦虑感。

人们是怎样被"欺骗"的

人们把焦虑症想象成一个敌人来对待。面对危险的敌人，我们只有3种反应：要么战斗，要么逃跑，要么僵住。如果它看起来比我弱小，那我就上去和它战斗；如果它看起来比我强大但速度慢，那我拔起腿就跑；如果它看起来既比我强壮，又比我速度快，我就只能僵住，寄希望于它看走了眼。事实上，我们就是这样对待所有敌人的，当你面对真实的危险时，这些都是本能反应。

然而，当真实的危险并不存在时，随着时间的推移，这些战斗、逃跑和僵住的本能反应只会让你倍感焦虑，而不会带来丝毫的缓解。当遭遇猛兽袭击时，不论你的反应是落荒而逃，还是临危不惧，将其击退，这些都是必不可少的措施，因为只有这样做你才能留条小命。但是，当你身处超市依然感到恐慌时，你很可能想逃跑或试图击退这种可怕的想法，而这些反应往往是徒劳的。此举并不会给你带来任何安全感，只会让你更加焦虑。

当你开始感到高度焦虑时，如果我恰好和你在一起，我就会问你："是真的有危险吗，还是你仅仅感觉到不舒服？"这是一个一针见血的问题。当你开始恐慌症发作，或者感觉到其他形式的强烈焦虑感时，请你也问一下自己这个问题。我知道，用"不舒服"这个词来形容你那一言难尽的经历，似乎太温和了点。（或许，你只想将其称为"危险"！）提出这一问题将会在那高度焦虑的关键时刻，给你指出一条明路，这是让你走上正轨最好的机会。如果你把焦虑当成一种危险，采取对抗或逃避的策略，只会让你更加焦虑，而不会得到任何缓解。只有当你把焦虑当成不舒服的感觉来对待时，你的生活才会步入正轨。

例如，当某个人呼吸急促并为此感到紧张时，她可能竭尽全力使自己不去想"呼吸"这个词，结果却发现自己想得更多。她也许用力吸入更多的空气，却发现自己的胸部越来越紧绷，呼吸越来越短促。由于她的种种努力，她的焦虑感会越来越强而不是越来越弱，因为她对待焦虑的方式无异于追逐逃跑中的小狗。无论如何，焦虑感最终都会消失。但是，请想象一下，如果能把呼吸困难和对它的担忧都看作不舒服的感觉而不是危险的信号，都看作你可以接受和处理的事情而不是要与之对抗的事情，那该多么有益！我希望我的建议能提醒你做出正确的选择。

巧胜焦虑症的"骗术"

怎样才能巧胜焦虑症的"骗术"呢？只要你做出反直觉的选择就没问题。如果将焦虑当成危险来对待，那么我们直觉的选择就是对抗、抵制和逃避。反直觉的选择就是把它当作不舒服的感觉来对待，对付不舒服的感觉最好的办法是"冷静下来，给自己一点时间"。早在20世纪60年代，澳大利亚医生克莱尔·威克斯（Claire Weekes）就给全世界的焦虑症患者写过一篇文章，使用"顺着漂流往下游"（顺着焦虑的感觉）这个隐喻，而不是"奋力朝上游泳"（对抗焦虑的感觉）。威克斯建议，你不要竭力压制内心的担忧和焦虑，你只需让环境来支持你，就像你漂浮在水面上那样。

焦虑症的"骗术"之所以如此强大，是因为我们采纳的是应对危险的方法，即战斗、逃跑和僵住，而用这3种方法来应对不舒服的感觉，完全是南辕北辙的。所以，当你把不舒服的感觉当成危险来对待时，只会使焦虑的感觉更加强烈而不是更加柔和，这就是人们在恐慌症发作时屏住呼吸的原因，而那实际上是毫无帮助的！正因如此，当人们竭尽全力想要改变或者剔除他们不想要的想法时，会猛弹手腕上的橡皮筋以试图让自己的注意力转移到其他问题上，结果却进一步陷入不想要的想法之中。也正因如此，人们想方设法"逃离"那些原本毫无危险的地方，如排着长队的超市收银台、熙熙攘攘的教堂或人潮汹涌的电影院。他们试图保护自己，以使自己不暴露在当时并不存在的危险面前，而这么做，恰恰使他们感到更害怕了！他们诸多的自我伤害行为，简直就是为了让自己沉浸在这些不想要的想法和感觉里。

相反，如果你开始把恐惧和焦虑当成不舒服的感觉，而不是危险的信号，并做出相应的反应，那么，这将为有效应对担忧和焦虑打下基础。这才是真正的出路。

焦虑症最显著的特征是，人们害怕的结果往往不会发生。你是否也曾有过这样的经历？

对焦虑症的恐惧

恐慌症

- 万一我心脏病发作了，怎么办？
- 万一我疯了，怎么办？
- 万一我晕倒了，怎么办？
- 万一我失去自控能力了，怎么办？

强迫症

- 如果我忘记了关炉子，导致小区烧成了一片，怎么办？
- 如果我错误地使用了杀虫剂，导致别人中毒身亡，怎么办？
- 如果我在开车时不小心轧到了行人，怎么办？
- 如果我被垃圾桶里伸出来的一根沾有艾滋病毒的针戳到了，怎么办？
- 如果我手上有细菌或污染物，让我的家人生病了，怎么办？
- 如果我伤害了我的孩子们，怎么办？

社交焦虑症

- 假如我在同事面前崩溃了，怎么办？

- 假如我在超市里看上去太紧张了，以至于人们觉得我疯了，怎么办？

- 假如我在餐馆里陷入恐慌，但一时找不到借口离开，怎么办？

- 如果我在演讲时大汗淋漓，怎么办？

- 如果我在办公室的洗手间解不出小便，怎么办？

广泛性焦虑症

- 要是我患了癌症，怎么办？

- 要是我失业了，离婚了，家庭破碎了，怎么办？

- 要是我的想法让我发疯了，怎么办？

只要是你能说出来的问题，就把它们全都列出来。如果人们想到某件可怕的事情，他们就会设想它真的会发生。

特定恐惧症

- 假如我被狗咬了，该怎么办？

- 假如我在飞机上吓坏了，该怎么办？

- 假如我再也睡不着了，该怎么办？

- 假如我住在酒店的顶楼，不得不使用电梯，该怎么办？

- 假如我开车从桥上掉下去了，该怎么办？

然后，你和其他数百万焦虑症患者一样，这些场景只是你脑海中设想的，你并没有变得更糟，也就是说，你没有死，也没有发疯，你没有烧毁小区，也没有在家长会上丢人现眼……但遗憾的是，你可能比以前更加害怕未来的灾难。每次，当你的焦虑症状达到顶峰时，它都没有带来可怕的后果。这就是它为什么只是一种焦虑症，而不是死亡症、精神错乱症、纵火症，等等。

因此，焦虑症的核心问题是，为什么人们看不到这种"骗术"——害怕似乎从未发生过的事情——并一步一步地将那种恐惧消除？为什么他们竟没有察觉到自己被"骗"了，然后轻松地一跃而过呢？

我不问这个问题，是因为我认为人们"应该"能够做到这一点。而事实上，如果不做额外的努力，他们无法注意到自己被焦虑症"骗"了，也不可能注意到。有时候，朋友和家人会问焦虑症患者这个问题，后者很可能因此产生防卫心理。但这是个重要的问题，因为它的答案揭示了焦虑症是怎么回事，并且指出了一种更有效的方法来应对。找到这个问题的答案将会对焦虑症的缓解大有裨益，我们将在后面做这件事。

怎样使用本书

本书将帮助你发现慢性焦虑症的棘手之处，以便你在应对它时，能够对其进行弱化而不是强化。我提出的10种简单的方法可将焦虑减轻到更可控的程度。

我成为专业心理学家已经30年了，在此期间，我帮助人们克服各种各样的害怕和恐惧情绪。我在研究生院没学过这个，我是从患者那里学来的，他们患有惊恐症、各种恐惧症和慢性焦虑症，并存在侵入性思维，为摆脱这些思维做出强迫性的努力，还患有社交焦虑症。在本书里，我将介绍一些他们教给我的最重要的经验。

本书的前两章介绍了一些背景知识，有助于你在接下来的章节中使用这10种方法。有些读者宁愿直接跳到克服慢性焦虑症的具体方法，也不愿阅读背景知识。我认为，最好按顺序阅读各章。但如果你是一个

"敏于行"的人，想着要尽快开始学习这10种方法，那也无妨。当你感到有必要时，可以再回过头来阅读前两章。

本书的第3章到第12章将向你介绍10种威力强大的方法，它们将把你武装起来，帮你解除担忧，并且能够让你应对各种形式的焦虑——想法、身体的感觉、情绪和行为，抽丝剥茧，让那难缠的情绪消散。大多数焦虑症患者的不幸经历是，他们发现自己对抗和缓解焦虑的努力往往使问题恶化而不是好转。本书将告诉你扭转乾坤的好方法。

我建议你准备一个笔记本，在阅读时做一些笔记，并回答书中的问题。

准备好继续前进了吗？让我们来共同探索，看看为什么焦虑症无法自行消失。

目 录

Part 1　基本原理

Part 2　应对担忧与焦虑"骗术"的方法

Part 1

基本原理

第1章

慢性焦虑症持续的原因是什么？

为什么人们没有留意到焦虑、恐慌和担忧是如何"欺骗"他们的，从而使得他们自然而然想要摆脱其苦苦纠缠呢？

这个问题困扰着慢性焦虑症患者。他们害怕答案是他们在某些方面有缺陷——太软弱、太懦弱、太愚蠢，诸如此类。

事实并非如此。他们之所以无法战胜焦虑症，是因为他们对安全行为和其他因素产生了依赖，这蒙蔽了他们的双眼，让他们无法看清问题以及提出相应的解决方案。

苏珊第一次感到恐慌是在3年前。从那时起，她经历了20多次全面的恐慌症发作。每次恐慌症发作时，她都害怕自己晕厥，倒在地上，无法呼吸，就此死去。因此，许多令她害怕自己恐慌症发作的场合，她都想方设法避开：拥挤的商店、集会活动、排着的长队、长距离步行、预约理发，诸如此类。对于无法避免的场合，她总是强忍着，在一个值得信赖的朋友的陪伴下前往。每次恐慌症发作结束时，她并没有晕厥、摔倒，也没有产生任何她害怕的危及生命的后果。尽管如此，她还是害怕并且竭力避免恐慌症再次发作。

凯尔经常对自己的健康状况感觉忧心忡忡。在过去的两年里，他一直非常担心自己会英年早逝。他担心自己会心脏病发作，尽管27岁的他并没有会导致心脏病的重大风险因素，而且他的家族也没有心脏病史。他反复出入各大医院，看了许多医生，进行各种检查。尽管所有医生的诊断结果，包括他的身体检查和测试结果都显示他"身体倍儿棒，吃嘛嘛香"，而且，他的医生一再告诉他，他的健康状况良好，但他仍然持续担心自己的心脏和健康。

▎安全行为

为什么人们竟然没有看出这种模式——频繁地担心某个子虚乌有的灾难性结果——把它看作一种夸大的恐惧并逐渐克服它呢？答案是，他们被所依赖的各种安全行为"欺骗"了，这些安全行为蒙蔽了他们的双眼，让他们无法了解实际发生的事情。

安全行为是对高度焦虑时刻的自然而然的准备和反应，努力保护自己不受感知到的危险的伤害。苏珊的惊恐慌症发作了3年，但她在此期间从未经历过她害怕的晕厥、跌倒在地和死亡。不过，因为她避开了很多她害怕的场合，或者只和某个值得信任的朋友一同前往那些场合，所以她开始相信，正是由于她的这种有意躲避，并且每次都拉上值得信任的朋友前往"危险的场合"，才使得她和死神擦肩而过。她坚信自己需要躲避和陪伴才能生存下去，这种信念妨碍了她走近真相——她其实并不像她自己认为的那样脆弱。在凯尔的案例中，他对身体检查结果和医生的口头保证的反复依赖，妨碍了他发现这样一个事实——他其实是健康的。

常见的两种安全行为是支持人员和支持物品。一个人如果有个支持他的人陪伴左右，通常比他独自一人的时候更愿意参与各项活动。能够参与各项活动当然是件好事，然而遗憾的是，他们对支持人员的依赖使他们更加坚定地相信，他们是无法自立的。这就变成了一件不幸的事。

▎支持人员

40多岁的埃莉诺曾经来到我的一个专为恐慌症患者提供支持的互助小组，她告诉我们，她非常害怕自己晚上开车时昏厥。由于我的这个小组是晚上聚会，所以，她能来参加我们的活动，就让人倍感吃惊。我们很快了解到，埃莉诺在附近的一家工厂做了一份兼职工作，这份工作是需要上夜班的。她每周在那里工作3个晚上，已经持续10年了。我问她，这么多年来，她是否在开车上班的路上昏厥过，她说："还没有！"我向她指出，在过去10年里，她已经有过1500

次开车去上夜班的经历，却从来没有昏厥过，而且也没有在开车参加我们小组会议的路上昏厥过。所以，她昏厥的概率为零！我问她怎么解释自己没有昏厥的事实，她回答得十分干脆：她之所以没有昏厥，是因为她丈夫会开着车紧跟着她去上班！她随时都能从后视镜里看到丈夫紧随其后，她就能确信自己不会昏厥……至少这次不会。但是，这种方法并不能帮助她克服恐惧，因为她觉得自己能够保持意识清醒，甚至能够游刃有余，都依赖于丈夫的存在，而不是她自己的应对能力。埃莉诺越是依赖丈夫，就越难以清晰地认识到，是她自己把事情搞定的，而非她的丈夫。

▍支持物品

鲍勃患有严重的幽闭恐惧症，害怕被限制在狭小的空间里。他无法忍受乘坐交通工具，包括出租车、飞机、公共汽车、火车、电梯，等等。他不能忍受挤在长长的队伍中或拥挤的人群之中，也不愿去拥挤的剧院或到教堂做礼拜。他买的所有衬衫的尺码都比他的实际尺寸大一码，因为他讨厌衬衫紧贴在身上的感觉。然而，他对深海潜水如痴如醉。空闲时，在所有爱好中，他总是优先选择去潜水，他让自己下潜到距离水面约15米的水中，置身于昏暗、寒冷、漆黑的环境中，靠一根连接到一艘小船上的空气管子维持呼吸，小船上有他的一个朋友在帮助监控，他知道当他深潜在海水中时，那位朋友可能正在享受着冰啤酒。

你可能也会疑惑，一位幽闭恐惧症患者怎么能够忍受深海潜水，甚至沉迷其中? 鲍勃是这样做的: 每次潜水，他要做的第一件准备工作是在脚踝上绑一个防水袋，里面装着一粒赞安诺（Xanax），然后，他会穿上他的全身潜水衣，戴上脚蹼，套上呼吸器，并且戴上所有必要的装备。在他看来，是赞安诺为他赋能，让他能够适应这个环境。

你或许也明白，鲍勃几乎不可能在水下吞下赞安诺。但这并不重要! 事实上，对他来说这反而更好，因为他也担心自己一旦经常服用赞安诺，就有可能上瘾。人们经常用药物来作为支持物品。有些人数年如一日地随身携带一瓶赞安诺，却从未服用过哪怕一片，因为他们不需要! 仅仅把那些过期的药物带在身边，就能让他们安下心来。

安全行为会"欺骗"你。当你对它们形成依赖时，你就会相信有一些东西可以保护你，如某个人、某个物品、某种逃避、某件分心的事情，以及其他的一些东西，而那个东西一旦没有在你左右，你就感觉会遭遇灭顶之灾。你越是强烈地依赖安全行为，就会越脆弱、越无助，因为你把自身的安全与幸福全部交给了安全行为，就像它们是你的"左右护法"一样，而没有提升你自己应对生活挑战的能力。对安全行为的依赖剥夺了你从自身经验中学习的机会。

▎分心和停止思考

除了支持物品和支持人员，人们使用的安全行为还包括使人分心的事情和停止思考。当人们倍感焦虑时，恰好周围发生了一些事情引起他们的注意，这往往会让他们发现这种使人分心的事情的"价值"。这些事情也许是烟雾警报器突然发出了指示电池电量不足的声音，也许是你的孩子忽然摔得鼻青脸肿。这些事情会立即抓住你的思绪，瞬间就让你心头的焦虑"烟消云散"。等到烟雾警报器和你的孩子恢复平静，你可能会记起自己当时正在被焦虑煎熬，并且意识到，正是这些使人分心的事情把焦虑驱散的。从那一刻起，分散注意力似乎成了你的朋友，你可能会刻意地"努力停止思考焦虑"。

当然，这样做存在一个问题：当分散注意力是一种自发的反应时，它能很好地发挥作用，但当我们有意识地去主动分散注意力时，效果非常有限。因为当我们想尽办法去转移注意力时，当我们告诉自己"不要再去想它了"的时候，意识反而提醒了我们那些想要摆脱的念头。正因为这样，你越试图把那些想法五花大绑，那些想法就越可能密密麻麻地被繁殖出来。

依赖注意力分散更大的一个问题是，它包含了这样一种观念：想法可能是危险的。事实上，想法无法构成危险，只有行动才会导致危险。例如，开车从桥上掉到水里的确是危险的。但是，如果只是想到车子可能会从桥上掉下去，这可能会让人不舒服、不愉快、感到害怕，但这并不危险。你的汽车保险费不会因为你产生过这样的想法而上涨！更重要的是，当你感到焦虑时，你只是一门心思想要分散自己的注意力，它会让你无力观测真实的情况，无法从经验中学习和成长。

仪式和迷信

依靠仪式和迷信是另一种安全行为。例如，对于那些害怕飞行的人来说，举行一些小小的仪式是很常见的，比如登机前触摸一下飞机表面，总是选同一排的座位，只在一周中的某一天飞行，或者身穿幸运衫。这些人会这样解释这些仪式："没关系，这样做又不可能伤害到自己！"但是，仪式和迷信确实有害。它们可能会让你觉得，你必须做些什么来使自己更安全，而实际上，你也许已经十分安全了。这些人的出行清单上会比别人多出更多的项目，他们会盯着这些项目来让自己放心，而不是简单地现身机场，坐到座位上，让飞机安全地把他们送到目的地。

回避

这种安全行为可能是所有安全行为中最重要的一种。很明显，你可能会忽视它，就像它本来就在我们的视野之外那样。回避和逃跑指的是远离和逃开那些让你害怕的物品、活动、情境或地点。你越是去回避那些触发你恐惧的事情，焦虑就变得越持久、越强烈。如果你害怕在高速公路上开车，也许会避开高速公路入口的匝道；如果你害怕到桥上和隧道中开车，你也会避开它们；如果你害怕社交，你会有意回避聚会和会议；如果你害怕自己对刀具或炉灶产生强迫性想法，你会下意识地避开厨房；如果你害怕想到或听到自己的身体健康状况，你会选择每年仅去看一次医生；如果你害怕自己有精神错乱的隐患，那就甚至不让自己倾听或阅读有关精神健康等话题的东西。

当远离那些诱因时，你当然会感觉不错。问题是，你得到的安慰通常并不会持久。遗憾的是，你对下一次遇到的高速公路、桥梁、聚会、刀具或其他任何东西的恐惧会不断增强而且反复出现。当你回避的时候，你在以放弃长期的自由为代价换取短暂的安慰，这个交易并不划算。可能这正是你要战胜焦虑症的原因，你为了控制焦虑症放弃了太多的正常生活，而且，你的牺牲只会付之东流，因为你得到的回报太少了。

安全行为不管用

焦虑症患者在第一次登门拜访时，常常这样对我说："尽管我尽了最大的努力，我的焦虑症还是变得越来越严重了。"他们说这话时，态度是认真的，但事实并非如此。其实，他们的焦虑症之所以越来越严重，正是因为他们尽了最大的努力。他们最大的努力通常包括各种各样的安全行为：他们寄希望于这些安全行为能保护自己，但随着时间的推移，这些安全行为实际上只会让他们感到更脆弱。安全行为是披着羊皮的狼，它们看起来像是来救援的，但它们不站在你这边！减少对安全行为的依赖，才是助你缓解焦虑的必由之路。

这就是"直面你的恐惧"这个想法的来源。安全行为和物品看似可以"保护"你免受恐惧，但实际上会增强恐惧。练习主动接触那些让你害怕的东西，将会让恐惧逐渐离你而去。而且，你能鼓起勇气，本身就和接触行为一样重要。我不喜欢"直面你的恐惧"这句话，这听起来太像一场遭遇战了，好比一场面对面的对抗，一场针锋相对的争论，或者是一场与对手的肉搏战。这一态度并不适合用来克服恐惧。有效的态度是，当你去主动接触那些令人恐慌和担忧的物品、情境或者活动时，不要去抗拒你的焦虑信号和焦虑症状，而是与其和平共处。

▎你的想法如何"欺骗"你

你的想法，尤其是你产生想法的思维定式，对于担忧"骗术"的产生和维持来说，往往助纣为虐。这些担忧的习惯会让你为过上想要的生活所做的努力成为枉然。改变面对担忧想法的思维定式，将有助于降低你被担忧想法"欺骗"的频率。

预期最糟糕的情况

首先是预期性的担忧体验。大多数患有慢性焦虑症的人们都体验过远远超出他们意识到的预期性担忧，而且大部分担忧都是潜意识的。这种担忧潜藏于意识的背后，或者混杂于意识之中，人们甚至都没意识到他们已经处在担忧之中。当人们同时处理多项任务或者参与各种活动时，担忧的感觉会阵阵袭来，他们开始感到紧张和不舒服，却无从得知为什么会这样。如果你能很好地观察自己预期性的担忧，从而成功捕获其行动并且在行为中发现它，将会极大地帮助你使用不同的方式来应对担忧习惯。

这样的想法是否也曾萦绕在你的心头：你不想注意到内心的担忧？你最不想做的事就是注意到它？你

可能认为，如果你没有注意到它，你就会感觉更好，但事实也许恰恰相反。当你注意到自己养成了担忧的习惯时，就可以做一些有益的事情，但是，当你没有注意到的时候，这种担忧就会和你纠缠不休。

这些建议可以帮助你发现自己身陷于无意识的担忧之中：绝大多数预期性的担忧想法都是这样开始的："如果……怎么办？"这就像比赛中的发令枪一样，是担忧习惯再次袭来的明确信号。你可能认为，如果你没有注意到自己的担忧，就可以事不关己，但你会发现，当你注意到这个习惯时，反而会有更多更好的选择来驯服它。

错误归因

在我们的思维方式中，错误归因是慢性焦虑症得以持续下去的另一个重要因素。你是否有过这样的经历：当你在超市或五金店排队时，恐慌感突然袭来？正当你在恐慌中以为一切都行将就木时，经理打开了广播，请顾客到刚刚开放的新收银台排队，你的恐慌中断了，或者，一位你意想不到的支持人员给你打来一个电话，你的恐慌感随之戛然而止。

这些类似意料之外的电话或者新的收银台开放的事件显然将你从无比绝望的恐慌之中拯救出来，简直就是苍天有眼。许多有过类似经历的人们会认为，正是因为这些意想不到的事件才让他们"熬过"了发作期。简而言之，人们会觉得自己很"幸运"，他们之所以能够苟延残喘，全身而退，都是因为运气。是运气让他们挺过了恐慌症发作而没有"大难临头"。

问题是，当你将自己的幸存归功于环境中的某个偶然因素，无论是运气还是可以重新到另外一个收银员那里付款，都可能让你对未来感到更加焦虑和不安，而不是缓解你的焦虑。它让你看起来像是刚刚从一场可能对你造成伤害的事故中幸存下来，而你的顺利过关，仅仅是因为偶然的因素。

陷入这种模式的人们对自己的未来前景感觉并不乐观，甚至感觉更糟。当他们将每一次的幸存都归功于环境中某些因素的有益影响时，继续前行只会让他们感觉更加脆弱，而不是更坚强。因为，如果这些因素下一次不再出现了，怎么办？当人们患上焦虑症，并把自己的幸存归因于"运气"时，你可以非常清楚地看到这一点。当人们相信自己能活到今天，靠的全是"幸运"时，那么他们对自己的未来会有什么感觉？当他们意识到自己的好运迟早会"耗尽"时，只会感觉更糟！

对控制的误解

对"控制问题"的混淆，以及付出无益的努力使之处于"掌控之中"，也同样会使慢性焦虑症持续并加重。慢性焦虑症的患者经常会认为，当他们经历强烈的负面情绪和持续的令人不安的想法时，意味着他们失去了控制。一个恐慌症患者在开车时经历了一次恐慌症发作，她可能因为害怕自己在开车的时候"失控"而感到非常沮丧，也许担心自己会失去对自己和车辆的控制，从而造成可怕的事故。于是，这个恐慌症患者开始避免开车，特别是在分车道的高速公路和其他不允许人们随时下车的道路上。

是否失去控制并不是借助你的想法和感觉来衡量的，而是借助你的行为来衡量的。当我与一位在高速公路上惊慌失措、担心自己"失控"的患者交谈时，我想知道这位患者实际上是如何驾车的。我通常会问："如果我是一名跟踪你的警察，我能看到你做出任何会让你靠边停车并接受检查的事情吗？例如，你的车速和附近其他车辆的车速有很大差别吗？你是在不打转向灯的情况下变道，还是偏离了你自己的行车道？你是在不看后视镜的情况下驾车了吗？你有没有晚上没开前大灯，或者在车流中开车时开着大灯？你是否听到多名司机在你违反驾驶法规时按喇叭提醒你？"

一方面，这些驾驶行为的确表明司机操作不当。另一方面，产生强烈的甚至是令人沮丧的情绪并不是失控的标志，哪怕是产生了不必要的侵入性想法，无论这些想法多么可怕和令人沮丧，也不是失控的标志。是否失去控制是由行为来衡量的。当你开车的时候，是否失去控制都是由你实际在做什么和你的车在怎么行驶来判断的。

那么，当你正确地驾驶车辆，没有表现出任何可能引起警察注意的行为时，恐慌症发作意味着什么呢？它意味着你一边开车一边紧张。在紧张的情况下开车是可以的——尽管不愉快，也不值得向往，但是，你的行为没有失控，感到紧张也是正常的。随着你越来越善于接纳那些令你恐慌的想法和紧张的迹象，它们可能随着时间的推移而减少。

另外两个破坏者：羞耻感和隐藏

你可能试图用来帮助自己的另一种方法是把恐惧和焦虑隐藏起来，但这反而会加重问题。慢性焦虑症患者常常为自己的恐惧感到羞愧和尴尬。他们往往企图将其隐藏起来并保守秘密。保密是羞耻的另一面。一个人越是感到羞愧，就会越发竭力去隐藏自己的烦恼。而且，正如你可能知道的那样，你越是试图隐藏你的问题，就越可能感到羞愧。

正是由于这种对隐藏的依赖，才会有数百万慢性焦虑症患者认为自己是唯一的或者至少是最严重的病例之一。隐藏使得人们无法发现这些问题有多么普遍，隐藏还阻碍了人们发现其他人通常并不像他们想象的那样批评他们的缺点。依赖于隐藏使得人们更加注重隐藏他们的问题而不是解决问题，这将为问题永久化推波助澜。

本章小结

这些就是焦虑症看起来如此难以应对的原因。并不是说焦虑的问题不能解决，而是说，问题本身会让你把它当成危险来对待，而当你把问题本身当成危险来对待时，你的行为方式反而只会让问题变得雪上加霜、难以解决。就像老话"屋漏偏逢连夜雨，船迟又遇打头风"一样。

相反，如果你能开始就像对待不舒服的感觉一样，而不是像对待危险那样对待它，那才是"柳暗花明"的正道。这样一来，你就会改变你与慢性焦虑、恐慌和担忧的关系。如果你一直把焦虑当作危险来对待——逃避、反对、抗拒、分散注意力、保护自己——那么久而久之，只会让你的焦虑症每况愈下。

如果想改变你与焦虑的关系，就要更多地把它当成不舒服的感觉来对待。这样，你才能从慢性焦虑症中重新获得自由。

下一章将介绍一个强大的规则，你可以用

其来指导自己选择用什么方法来应对焦虑，并且可以帮助自己思考如何应对。当你在焦虑和担忧中苦苦挣扎时，这个相对法则将会练就你的火眼金睛，帮你识别出那些最可能有益的应对方法。

第2章

相对法则

我们应对焦虑、恐慌和担忧时的所有直觉反应，都可以采用一条强大而令人吃惊的经验法则。

这条法则就是：你（和我）应对强烈焦虑症的最初直觉反应几乎是错误的。不仅错，而且错得离谱，完全南辕北辙，就好比指南针的指针原本指向北方，你却把它的指向标记为南方。

如果你有这样一个会"欺骗"你的指南针，这确实是个问题，但解决它也是易如反掌。只要你知道指南针所说的南实际上是北，即使前路漫漫，你也仍然可以找到回家的路。慢性焦虑症的信号和症状也是如此。如果你知道自己应对恐慌、担忧和焦虑时的直觉反应通常是完全错误的，那么，就为下一次焦虑出现时采取与之完全相反的行动做好了准备。

焦虑如何"欺骗"你的大脑

为什么我们对担忧和焦虑的直觉反应对于减轻担忧和焦虑完全无济于事呢？这就是焦虑症"骗术"的核心所在：人们会把不舒服的感觉视作危险。面对危险的有效方法，无论是战斗、逃跑还是僵在那里，基本上与应对不舒服的感觉的合理方法完全背道而驰。应对不舒服的感觉时，我们的反应往往是冷静、随它去，过一会就好了。因此，当焦虑和担忧"欺骗"了你，使得你将它们这种不舒服的感觉当成危险来对待时，你就会做出使你的处境更糟而不是好转的行为。当你摆脱了焦虑或者压制住了焦虑，你将获得片刻的喘息，但从长远来看，你最终会感到更加害怕和脆弱。你以长期的自由为代价，只换取了片刻的解脱和疏解，这是一笔买椟还珠的交易。正是这样的交易促使焦虑症卡住了人们的喉咙。

当人们经历高度焦虑时，他们往往企图避开危险，而在那个时间和地点，也许并不存在真实的"危险"，他们只是试图强行压制他们的恐惧。这根本无法帮助他们平静下来。相反，他们会变得更加害怕，而且因为被恐惧压倒，所以感觉更加难过。

人们经常担心，这是不是意味着他们的大脑出了问题。但这实际上是你的大脑试图正常地执行其任务（保证你的安全）的证据，并不是任何失常的迹象。我们的大脑更愿意在原本没有狮子的地方看到狮子，而不是在原本有狮子的地方看不到狮子，哪怕是看错了。第一个错误只会带来一些不舒服的感觉，而第二个错误却可能会让人命丧黄泉。所以，哪怕是犯错，我们的大脑也会去察觉那些本不存在的危险，因为它的主要任务是保护你，而不是让你乐不思蜀。

所以，即使你的大脑总是预测那些并不存在的危险，你也不必心烦意乱。为了保证你的安全，大脑采用了一种非常保守的方法，只是可能有点草木皆兵了。这意味着它可能会频频地大喊"狼来了"，让你像提线木偶般地做出不必要的反应，让你感到不舒服和焦虑。这就是我们的天性，只是有些人的反应会比其他人的更强烈一些，这其实和有些人对光、声音和所有其他类型的刺激更敏感是一样的。

▎运用相对法则消除担忧

相对法则是这样的：我应对恐慌和高度焦虑的直觉反应通常是完全错误的，遵循这种本能只会让我的处境更加糟糕，而不会有所好转。所以，我应采取与我的直觉相反的方式来应对。

举个我自己生活中的例子：我一直对登高感到不舒服。如今，我在高处时的感觉比以前好多了，主要是因为我年轻时有意去登高。但是，直到现在，当我发现自己来到了四周没有防护的高处时，仍会感到焦虑。我说的"有意去登高"，意思是我只要有机会就到大型桥梁上行走，而我第一次这样做，是在金门大桥上。

这座桥可供机动车和行人同时通行。桥的两侧有人行道，桥的第一段有约3米高的栅栏。我在那里看到骑自行车的孩子，看到他们中的一些人真的是在

骑行而不是小心翼翼地推行，我感到十分震惊！我还
看到人们在遛狗，有些狗甚至连狗绳都没有！有的人
在桥上慢跑，还有些上了年纪的人在借助拐杖和助行
器散步！他们都在那儿，走的走，跑的跑，骑车的骑
车，好像什么事也没有似的！

但我的速度比他们的都慢得多。起初我感到非
常害怕，身体上出现了恐慌的反应，以至于我不相信
我能继续下去。我挪动得比蜗牛还慢，甚至想转身往
回走，脑子里充满了各种荒诞离奇的想法（我在第一
次走上桥时产生了很多不可理喻的想法），以为自己
一旦走上桥，就可能会滑倒、失控，好像桥的表面涂
了层润滑油，无法安全地行走似的！然后，我意识到
我之所以走得太慢，是因为我的双脚一直紧贴在地面
上。我很需要这种脚踏实地的感觉，以至于拖着双
腿，举步维艰！

我刚注意到这一点，就想起了相对法则。想起相
对法则反而让我感到非常难受，因为这个想法让人毛
骨悚然。然而，我经常用这句话鼓励我的患者去这样
做。因此，我就鼓起勇气，按照相对法则给我的信条
去做了。

　　我在桥上跳了一下。跳起的高度真的是太低了，也许值得在吉尼斯世界纪录中被提名为"世界上最矮的一跳"。而且，我是在3米高的栅栏后面跳的，因此从桥上掉下去的概率非常小。但是，这次跳跃给我带来的解脱感，纵是曹雪芹在世也难以形容。你知道，人们不可能一边跳一边还绷紧肌肉，于是，我将自己原本绷得紧紧的肌肉放松了许多，这感觉很好。我忽然间感觉自己傻乎乎的，于是笑了起来，这感觉也很好。没有人像我想的那样跑过来，盯着我，以为我疯了似地在桥面上蹦来跳去。桥还是那个桥，栅栏还是那个栅栏，生活还是那个生活，可是我这一小步，是鼓励我迈步向前的一大步，尽管我仍有很多恐惧要克服。

　　当焦虑把你包围时，相对法则就是这样帮助你发现它并做出有益的反应的。

　　这对你来说是不是太激进或者太冒险了？它并不像看起来那么激进，当你陷入高度焦虑时，你会出现一些非常小的、无意识的反应，相对法则就是用来对付它们的。它不是用来做出人生重大决定的，不是用来决定上什么大学、和什么人结婚、要不要生孩子的。当处于极度恐惧的时刻，你就可以把这个法则用于那些微小的、不经意的反应上，以此来控制自己的行为。

使用相对法则的例子

驾车恐惧症。如果你害怕开车，或者担心在开车时恐慌症发作，你可能就会发现，相对法则在许多方面都可提供帮助。很多吓坏了的司机用双手死死地抓紧方向盘。也许他们认为，要想控制住汽车，紧握方向盘是必要之举。焦虑之下，他们的手心都会出汗，这就导致他们担心手会在方向盘上打滑。不管是哪种情况，驾驶教练都会告诉你保持放松、轻握方向盘才是最好的方法，而相对法则的方法也是殊途同归。

因此，若是心乱如麻的司机注意到了自己正在紧紧握住方向盘，便可以运用相对法则来选择一种合适的反应，以应对这种死死抓紧方向盘的做法。这里你可以用一种很巧妙的方法，一步一步地来。先放松你那只虚弱的小手指头，如果你只想迈出最小的一步，就让其他手指依然紧紧抓住方向盘，接下来注意观察，看看这一小步会对你产生什么影响。一旦你确信这样放松一个手指不会影响你对车的控制，甚至可能感觉更好一些，那你就可以按照你能适应的节奏，慢慢放松其他手指。（我曾经的几位患者喜欢在放松中指的时候"给恐惧竖起一个指头，以示蔑视"！）

飞行恐惧症。飞行恐惧症与驾车恐惧症有相似之处，飞行恐惧者可能会察觉到自己被"骗"了，然后用各种各样无益的方式做出反应——紧抓扶手、闭上眼睛或者用毛巾遮住脸，让自己不会注意到他们正在飞机上，保持应对飞机坠毁的姿势，等等。如果你真的被气流抛来抛去，抓住扶手或许会有帮助，如果不是这样，那么这样做只会让你感到更加紧张和不安。你无须克制自己，安全带才需要起到这种作用！闭上或遮住你的眼睛，会让你看不到周围发生的真实的事情，让你迷失在自己可怕的恐惧想象中，任其摆布。在一个小时或更长时间内保持应对飞机坠毁的姿势只会让你感到局促、紧张和脆弱。

与这些反应相反的做法是什么？放松双手，随意地将它们放在你的身体两侧或膝盖上，这样你就能慢慢地放松。如果你一直紧紧抓着扶手，就永远不可能慢慢放松。让自己环顾四周，去观察飞机内部的情况，包括其他乘客和机组人员，这与蒙住眼睛是完全相对的。当对周围的实际情况都一清二楚时，你可能会感觉更好，而不会像闭起眼睛胡思乱想那样感觉那么糟糕。让自己向后靠，让座椅支撑住你的身体，会比保持应对飞机坠毁的姿势更让人平静。

如果害怕飞行这件事让你感觉挺丢人的，你甚至躲躲闪闪，想要把这种害怕隐藏起来。那么，对这种想法，也同样可以运用相对法则。感到害怕当然会令你感到不自在，但是，在感到害怕的同时乘坐飞机是完全无碍的，就像你乘坐飞机时感到悲伤、快乐、愤怒、嫉妒、疲惫或其他任何情绪时一样。我们不希望飞行员感到害怕，但乘客感到害怕是无关紧要的。试图隐藏这种想法的对立面是什么？把你内心的害怕告诉别人！我们有一个"飞行恐惧者"工作室，大家都害怕乘飞机出行，每当我们不得不飞行时，我们都告诉机组人员，我们是一群害怕飞行者。

演讲恐惧症。同样地，公开演讲恐惧者也会发现自己被恐慌情绪"欺骗"了，因而做出各种无益的反应——四肢僵硬地躲在讲台后面，用力抓紧讲台边缘，紧盯着自己的笔记，避免与台下听众产生眼神接触，努力保持每一刻都在说话并避免任何停顿。如果演讲者能注意到这些焦虑时的微肢体语言并反向操作，也能同样受益。例如，以一种轻松的站姿演讲，双手放在身体两侧或轻轻放在讲台上，关注听众，并偶尔与其进行眼神交流，而不是一直盯着笔记本或者观众看，并在过程中适当停顿，也给听众点喘息时间，让他们来得及理解你的内容。这些都是对付焦虑症"骗术"的好方法。

在那一刻的相对法则

在你陷入高度焦虑的时刻，你可能会全副身心关注自己的症状，格外担心目前该怎么办以及未来会怎么样。你的注意力会被当前的环境一下牵扯到未来可能发生的假设性问题上。焦虑症会将你五花人绑，让你无法去观察当前的经历以及眼前的现实。如果你能将你的视角拉回到当前的环境中，你就能更好地运用相对法则。希望下面的问题可以帮到你。

你的：

- 双手在做什么？

- 双肩在做什么？

- 胸肌有什么反应？

- 呼吸有什么变化？

- 姿势是怎样的？

你是否感到紧张，并且紧紧揪住身体的某些部位？你是不是感到胸部和肩膀绷得紧紧的？你的呼吸短促而浅吗？注意那些可能增强你的身体紧张感的反应。想一想相对法则为你带来了什么。温和地做那些与你的直觉反应相反的事情，然后继续前进。

你在：

- 看什么？

- 听什么？

- 全神贯注做什么？

- 想些什么？

你的注意力和精力集中在什么地方？

- 是不是集中在你的脑海之中，一直在想着那些"如果……怎么办"的想法？

- 是不是集中在你的身体之上，对你身体上的感觉都高度敏感？

你周围有什么值得观察的东西？花些时间将注意

力转移到物品、声音、颜色、温度和你周围环境的其他细节上。

本章小结

如果你一直在寻寻觅觅，希望找到从慢性焦虑症中恢复自由的良方，那么相对法则就是给你的答案。我的患者不断领悟到，当他们发现自己正在对焦虑症做出一些小小的直觉反应时，例如，绷紧肩膀或者紧握方向盘，正是他们采取反向操作的关键时刻，这样他们才能从焦虑症中恢复。你将在本书中，一次次看到相对法则，因为当你被担忧和焦虑"欺骗"时，它是所有有效应对方法的基础。

在下一章中，我们将了解一种常见的焦虑症伴随反应——费力的、短促的呼吸，这是人们恐慌症和其他形式的焦虑症发作时的常见症状之一——并将见证相对法则是如何引导你找到解决办法的。

Part 2

应对担忧与焦虑
"骗术"的方法

第3章

在恐慌症发作时尝试
腹式呼吸法

呼吸急促是恐慌症发作的症状之一。人们在恐慌症发作时拼命地深吸气，却发现他们的呼吸常常变得更糟而不是更好。

与吸气相对的是什么？是呼气！让我们看看这是怎么回事。

▌欧文被"骗"了

欧文不耐烦地等待着员工会议开始，这时他开始感到身体不舒服。他感到脸上发烫，心在狂跳，胸部紧绷，呼吸急促。他对这些感觉并不陌生。事实上，在过去的一年里，他已经有过几次严重的恐慌症发作，他十分希望自己不会再次发作。欧文感受到的症状越明显，他就越不舒服，他开始担心自己可能会晕倒，甚至完全停止呼吸，窒息而死。

欧文觉得他的大脑简直在对他尖叫："深吸一口气！"于是他试了试。他张开嘴，将头向后仰，抬起肩膀和胸部，努力去吸气。尽管如此，欧文还是觉得他的呼吸越来越急促。

我们在这里先把欧文的故事放一放。你可能觉得显而易见，欧文义要面对下一次恐慌症发作了。他越来越害怕自己身体所经历的这种感觉，尤其是费力的呼吸。他越努力呼吸，呼吸就越吃力。他的呼吸变得越吃力，他体验到的其他身体症状就越多：心跳加快，头晕目眩，脚趾、手指和头皮刺痛和麻木，压力重重，甚至胸口疼痛，以及更多其他症状。他体验到的身体症状越多，侵入他意识的可怕想法也越多：如果我心脏病发作、中风或者突然间精神病发作，怎么办？万一我需要急救，怎么办？我怎样才能离开这里？他的想法越可怕，他就越害怕。他越害怕，就越疯狂地试图摆脱即将到来的恐慌，越努力地深吸气。

欧文只是被他内心的恐慌和担忧"骗"了。他感受到的短促的浅呼吸只是一种不舒服的感觉，但他将它当作一种危险，好像他真的有吸不上气的危险。他非常努力地试着深吸气，结果感觉更糟，而不是更好。他太努力了，结果又犯了一次恐慌症。

如果你也经历过恐慌症发作，可能会理解这种感受。它通常以焦虑的初始症状开始，即某个可怕的"如果……怎么办"的想法或者突然间的身体不舒服，比如心跳加速或浅呼吸。接下来你会发现，你将出现更多的初始症状，其他症状也会接踵而来。你绞尽脑汁地试图发挥理性思维来让自己平静下来，但看不到成功的希望。你可能发现自己想到了各种各样不幸的事情，如心脏病发作、中风、精神错乱、神经崩溃、晕厥，等等。伴随着各种可怕的想法，更多的身体症状鱼贯而入，让你更加担心可能会出现什么灾难，刺激着你逃离这个炼狱般的地方。一旦你逃离了那个地方，你会感觉好一点，但也会更担心将来恐慌症再次发作，正是因为这样，你的恐慌症才会发展成慢性焦虑症。

每当这样的事情发生时，欧文都变得更加沮丧和害怕。他的大脑多次告诉自己，要深吸气。他试了一次又一次，但毫无效果。事实上，这只会使他的处境每况愈下。每当这种情况发生时，他都会更加努力地深吸气。但每一次，他都得到了同样悲惨的结果。

他是怎么被"骗"的？当他感到呼吸急促时，他就会试着吸气。其实，在这种情况下，吸气反而会使他感觉更糟。此时此刻，相对法则就可以大显身手了。

与吸气对立的是什么？是呼气。真是让人啼笑皆非，当他费尽吃奶的劲去深吸一口气时，呼出一口气才是让他感觉更好的方法！因此，当你的大脑向你尖叫"深吸一口气！"时，拆穿这个"骗术"最好的方法是采取相反的措施——呼气，才能让你的呼吸逐渐平稳。

现在我们花些时间来尝试这个呼吸练习。请你先把整块内容通读一遍，然后按步骤来做。在你理解清楚这份说明书之前，先按你平常的呼吸方式继续呼吸下去。否则，你很可能会在阅读的时候屏住呼吸，会憋出病来的！

像婴儿那样呼吸

开始之前，将左手放在腰上，右手放在胸部的胸骨上。一旦你擅长于此，就可以不再用手了。现在，用你的手去探查一下，你在用哪里的肌肉呼吸？你会发现，你在呼吸时调动肌肉所做的动作都发生在你的左手下方，也就是你腰带所在的地方。使用腹部的肌肉进行呼吸时（这就是通常所说的"腹腔呼吸法"，但我更喜欢简单叫它"腹式呼吸"），你胸部的肌肉完全不需要参与呼吸，随着时间的推移，你会发现这些肌肉参与的越来越少，最终什么都不用做。

1. 轻轻地叹气，从嘴里呼出空气。（没有必要完全清空你的肺部。叹气是完全呼气的精简版。）当听到一些令人厌烦的事情时，你可能就会发出这样的叹息。所有那些一直在告诉欧文"深吸一口气"的人们完全惹恼了欧文。就像他那样轻轻地叹气，在叹气时，让肩膀放松，让胸部的肌肉也放松。吸气完成了，就闭上嘴。

2. 暂停。暂停几秒钟就足够了，你并不需要像奥运裁判那样去精确地计时，怎么舒服怎么来就行。

3. 慢慢地通过鼻子吸气，同时将腹部肌肉向前伸展。你可能养成了收腹的习惯，但现在先不要管它。尽情地呼吸吧，就像没有人在看着你那样！你的肌肉会先伸展开来，并帮助你吸气。当你的腹部吸入了尽可能多的空气时，停下来。吸气结束。

4. 再次暂停。

5. 通过嘴来呼气，收缩腹肌。

6. 再次暂停。

7. 重复吸气，然后继续之前的动作：呼气，暂停，吸气，暂停。

当读到上面的呼吸秘诀时，你有没有想过："这和我一直以来的呼吸方式正好相反？！"这也是一种很常见的反应，很好地帮我们阐述了相对法则的奥义。

现在就尝试一下腹式呼吸法吧。当你使用这些指南时，首先用几秒钟时间，用心去把你的腹部肌肉隔离。当你能够很好地隔离和伸展腹部肌肉时，再开始将其与你的呼吸结合起来。

人们遇到的一个常见障碍是很难隔离腹部肌肉并把它们伸展出去。因为他们从很小的时候开始，就一直在训练收缩腹肌，而不是伸展腹肌。这里有一些练习方法，可以帮你隔离这些肌肉，并提升你的腹式呼吸技巧。

- 将手指交叉放在胃部，练习将胃部向外伸展，然后再收缩。当你的胃部在伸展时，看看能不能让你的手指分开一点。可以用各种各样的姿势来做这个练习，比如坐、站、躺。

- 仰卧。在胸部放一本厚书或其他东西，这样就更容易将精力集中在锻炼腹肌上。

- 俯卧。在肚子下面放一个枕头，当你练习隔离腹肌时，将胃压在枕头上。

另一个障碍是习惯的力量。在你的一生中，可能没有什么习惯比呼吸重复的次数更多了。即使你通读了我给出的秘诀，并跃跃欲试，想要开始按照我描述的方式呼吸，但是，一开始你可能还是会发现，自己的呼吸还是老样子。没关系！不断地练习和重复就可以了。

慢慢来，多花点时间，按照这些指南来练习，我想你将开始理解如何在呼吸中做出转变。这毕竟没什么新鲜的，是你陷入焦虑模式之前就采用的呼吸方式。如果你想看一些世界级的腹式呼吸方法，可以仔细观察婴儿或新生儿。他们吸气的时候，肚子是向外的；他们呼气的时候，肚子是向内的。这就是他们的呼吸方式。而他们根本不懂胸部呼吸。

所以，这不是要你去学习一些全新的和未知的东西，实际上是要你采用你过去一直在使用的呼吸方式，甚至你都不知道你是这样呼吸的。

为什么人们长大后开始用胸部进行浅呼吸呢？可能是因为，在青春期的某个时候，他们开始关注自己的身体，想要有一个迷人的身材，开始对自己的肚子有了关注。然后他们开始收腹，这么做会使腹部呼吸困难，慢慢地就转而进行胸部呼吸。你有没有听过这个短语——"收腹，挺胸"，也许是你妈妈说的？她是想帮你改善你的姿势，但这会使腹式呼吸更加困难。

与焦虑症抗争的人们往往都在使用这些糟糕的呼吸技巧。患有恐慌症、社交焦虑症和广泛性焦虑症的人们尤其如此。他们倾向于从胸部吸气，并且经常感觉自己的呼吸从来没有让他们满意过。因此，他们更加卖力地深深吸气，却发现这样做常常加剧了问题，而不是解决问题。具有讽刺意味的是，他们在这种情况下的"深呼吸"，其实并没有他们想象的那么深！这其实是一种费力的浅呼吸，来自胸部而不是腹部。人们之所以通常称之为"深呼吸"，不是因为它发自某个比较深的位置，而是因为他们投入了太多的努力。当然，他们在呼吸上投入这么多肌肉力量的原因是在胸部呼吸本身就是一种特别无效和费力的方式。这与新生儿所做的恰恰相反，与舒适和高效的呼吸方法相反！

熟能生巧

不要担心怎样才能做得完美。我们生来就要呼吸，而且，你的呼吸并不需要太多的调整！无论过去你的呼吸多么差劲，你现在也仍然可以在这里捧着本书阅读。只要稍稍改进一下你的方法，你就会感到更加舒服。

一旦你掌握了这个窍门，就可以通过这种方法进行一些有规律的呼吸训练，这样就能在需要的时候，随时切换成腹式呼吸法了。

我建议你这样安排你的练习时间，并养成习惯——在一天之中的每个小时刚开始时留意你的呼吸，例如，在中午的时候，下午1点的时候，下午2点的时候，诸如此类。看看你是怎样呼吸的，然后按照上面的指南叹口气。接下来继续采用腹式呼吸法大约一分钟，同时继续做你在这一小时中最重要的事情。不要坐下来或躺下来，要把呼吸融入你正在做的任何事情中——走路、打电话、乘公交车、参加会议、吃三明治，等等。因为只有这样，我们才能让这种呼吸方式伴随我们左右，成为一种下意识的习惯。我们希望腹式呼吸法是"便携的""自动的"。

在这么做一两天后，查看一下你采用腹式呼吸法的频率。如果你每天至少锻炼8~10次，就说明做得已经很棒了，要继续保持下去。

另一方面，如果你发现自己的频率并没有达到这么高，就找一些方法来提醒自己。在手指上系根绳子，或者将闹钟设为每隔一小时响一次，或者在你的所到之处——比如办公室、家里、车内等——贴一些彩色贴纸，当你注意到它们的时候，就做一次腹式呼吸练习，或者找到那些在你日常生活中频繁发生的事情，当其发生时，就练习一分钟的腹式呼吸法作为回应，来养成习惯。比如每当电话铃响起、婴儿哭闹、狗儿叫、喇叭响的时候，你都这样做。如此这般地频繁练习这种简短的持续一分钟的呼吸方法，让习惯慢慢养成。

还有一件事。当你以这种方式呼吸时，你吸入的空气量比你用短促而浅的胸式呼吸时更大。因此，慢慢呼吸是有好处的——慢慢地呼气，长时间停顿，慢慢地吸气。速度要比你平时的更慢。如果你以和胸式呼吸法一样的速度深呼吸，你就会过度呼吸。不过，这也没什么可怕的，只需自我纠正即可。但我之所以提到它，是因为过度呼吸经常导致人们打哈欠，也有些人会感到头晕。如果你不知道这些，你就可能误以为这意味着出了问题。这是无害的，它只是提醒你要慢下来。如果你有过上面的任何一种反应，就放慢你的呼吸。

▌呼吸、恐慌和晕厥

呼吸短促而浅的人们经历的恐慌、高度焦虑与对晕厥的恐惧（这种恐惧是恐慌症发作的一种常见症状）之间存在着很有意思的联系。当恐慌症发作时，人们普遍害怕自己会昏厥。即使是成年后没有晕厥病史的人们（他们在恐慌症患者中占绝大多数）也会有类似的症状，并认为晕厥几乎就是迫在眉睫的。其实没有晕厥病史的人是不会知道晕厥是什么样的体验的，但他们会这样猜测。

这种猜测当然是可以理解的，因为他们确实感到了头晕。但是，这明显是由呼吸困难引起的，当你能更好地用腹式呼吸法来应对时，你会发现，很多症状都得到了缓解。

到底是什么导致一个人晕厥呢？是血压骤然大幅下降。当你的血压下降时，因为大脑位于你身体的顶部，所以，它是你身体中最难获得充足的、新鲜的富氧血液的部位。然而，大脑比其他任何器官都需要更多新鲜的富氧血液。你的身体将如何解决这个问题呢？如果你不能给大脑提供足够的血液，晕厥就会使大脑需血量下降，这就是人们晕厥后能很快恢复意识的原因。晕厥并不是一场灾难，它只是当血压降得太低时，你的身体采取的自我保护机制。

这里有一个价值64美元的问题：当你的恐慌症发作时，你的血压会发生怎样的变化？会上升！不是大幅上升，只是上升了一点点。这时，我又要提到我们的老朋友相对法则了。当恐慌症发作时，血压的变化恰好与晕厥时血压变化的方向相反。恐慌症发作的时候，你是不可能晕厥的，因为你的血压正在朝着导致晕厥的相反方向变化！

这就是在恐慌症发作时晕厥十分罕见的原因。在过去的30年里，我专门为焦虑症患者服务，我仅仅见过5位患者在恐慌症发作时晕厥，但这5个人都患有一种相对罕见的疾病，叫作体位性心动过速综合征（Postural Orthostatic Tachycardia Syndrome，POTS），当你从躺着的体位迅速变动到站着的体位时，这种疾病会引起不寻常的头晕。严重的体位性心动过速综合征患者会在恐慌症发作时晕厥，而且患者通常有晕厥的病史。对于这5位患者来说，晕厥才是一个需要治疗的实际问题，而恐惧不是。

关于体位性心动过速综合征，还有很多有待研究和发现的问题。医学界对这种病的患病率的估计各不相同，但似乎只涉及到不到1%的人口，而且在育龄妇女中更为常见。一方面，如果你的确患有体位性心动过速综合征，或者有晕厥病史，就找一位合格的专业人士来帮助你治疗吧。另一方面，如果你成年后没有任何晕厥病史，却经常害怕晕厥，那么你可能仅仅是害怕晕厥，而不可能真的晕厥。仅仅想着你会中彩票，不会让你口袋里多一块钱，同样的道理，仅仅想着你会晕厥，也不会真的使你晕倒在地。

血液恐惧症。 关于晕厥这个话题，还有另一个值得注意的事项。患有血液恐惧症的人（正式的诊断术语是"血疗恐惧症"）一看到血就会失去知觉、晕厥。我曾与几个同时患有血液恐惧症和恐慌症的患者合作过。他们经常在看到血的时候晕厥，但在恐慌症发作的时候，从不会晕厥。这些人偶尔也会担心这一点，认为既然他们一看到血就会晕厥，那么在恐慌症发作时也可能会晕厥。实际上，这种情况不会出现，如果你想知道为什么，这里有一个关于血液恐惧症的简单解释。

对于我们所有人来说，只要一看到血，我们的血压就会下降一点点。这是一件好事，因为只要你看到血，它就有可能就是你自己流出来的血！如果血是你自己的，降低血压可以就使伤口更快结痂，减少失血，降低感染的风险。

只是血液恐惧症患者采取的自我保护过了头。当他们看到血的时候，血压下降得太多，多到足以引起晕厥。血液恐惧症的治疗方法是在采血或献血、接受注射、在医学院上外科课等时候，或者在你可能看到血的地方，人为地帮你升高血压（伴随着肌肉紧张）。血液恐惧症更多的是一种生理疾病，而不是典型的恐惧症。

腹式呼吸法和演讲恐惧症。腹式呼吸法对那些害怕公开演讲的人们也大有用处，这些人往往在公开演讲时感到恐慌。恐慌症发作不会也不可能导致大多数人害怕的结果，比如死亡、精神错乱、失控等。但是，如果你害怕公开演讲，在演讲过程中感到呼吸困难、短促，甚至换气过度，就会使你的演讲很难继续下去，因为空气从肺部排出，会带动我们的声带，发出奇怪的声音。如果你在演讲时出现了这些症状，就会让你的演讲无法继续下去，除非你用腹式呼吸法来矫正。

腹式呼吸法是救命稻草吗？腹式呼吸法能使你免于晕厥或更糟的命运吗？绝对不能！它只是帮助你缓解症状，以便你在原地调整好状态，而不是任由恐惧把你压垮。当恐慌症发作时，采用腹式呼吸法有助于你观察并缓解症状，而不是落荒而逃。

不要把腹式呼吸法当作盾牌！一些焦虑症专家认为，最好不要教患者呼吸技巧。他们担心，患者会认为腹式呼吸法可以将他们从可怕的命运中拯救出来，而这会使得他们的恐慌和焦虑持续下去。换句话讲，焦虑症患者会将腹式呼吸法作为一种安全行为，并用来保护自己，而不是仅仅把腹式呼吸法当作一种帮助他们待在原地适应恐慌，避免去对抗恐慌的简单方法。这可能确实是一个问题，但我相信，通过学习腹式呼吸法，患者的确会得到很好的帮助。如果你发现，你将腹式呼吸法作为一项挽救生命的技巧，或者在呼吸的时候会有点强迫症，然后周期性地回到"坏的、老式的"短促而浅的呼吸，那就足以说明，尽管它让你感到不舒服，却并没有什么危险。

我们在本章开头介绍过的欧文曾经历过一阵恐慌

症发作，后来他学会了使用腹式呼吸法。他很高兴自己学会了，因为这给了他一种有用的方法，每当他感到喘息、呼吸短促时，就能有效地做出反应了。

在那次员工会议上，他经历了一次恐慌症发作，几个星期后，他又回到同一间会议室，和同样的人一起参加另一次员工会议。他真希望自己不要再次恐慌症发作了，结果却发现在会议的头天晚上和会议开始前的整个上午，这个问题都一直压在心头，让他无比焦虑。果然，老板刚坐下，把门关上，他的恐慌症又发作了。他的胸部感觉到紧张和压力，心脏怦怦直跳，他感到呼吸短促，以为自己会晕厥。他的大脑开始对他尖叫："深吸一口气！"

欧文试了试。他张大嘴巴，仰起头，挺起肩膀和胸膛，挣扎着吸气，而这没有让他感觉更好。这时，他想起了相对法则。于是他叹了口气，让上半身的肌肉随之放松下去。接着他停顿了一下，然后通过将腹部肌肉伸展的方式，尝试着通过鼻子来吸气。这次感觉好些了！欧文很受鼓舞，他继续坐在那里，用这种方式呼吸，逐渐地把注意力转到了会议上。有一段时间，他不断地注意到一些令人心烦意乱的"如果……

怎么办"的想法，但他的注意力可以不断地回到腹式呼吸和他身边的人们正在进行的讨论上。这样一来，整个会议期间，欧文始终坐在那里。他注意到了恐慌症的来临，并尽可能地接受了这些症状，决定在他离开会议室之前驱散恐慌。就是从这一次的经历开始，欧文逐渐从恐慌症中恢复过来。

腹式呼吸法并没有将欧文从晕厥、死亡或其他灾难中拯救出来，因为他原本就没有这些危险，他只是害怕而已。同时，腹式呼吸法也不是老君的仙丹，能防止他的恐慌症发作。它只是给了他一个工具，让他不必撤退，可以待在原地适应恐慌症症状，而不是对抗它们。这就像阿里巴巴喊"芝麻开门"一般，为他打开了新的天地。今天，欧文已经不会再忧心忡忡，担心恐慌症再次来袭了，因为他知道即使它们来了，他也有办法与之周旋到底。他对恐慌症的恐惧已消失得无影无踪。

人们因为过去一直在努力地"深呼吸"，结果却感觉更糟，所以他们对腹式呼吸法的作用感到悲观，觉得自己不一定能从中获益。问题就在于，他们的确得到了要"深呼吸"的指令，但从来没有人教过他们怎么呼吸。现在他们知道了。

本章小结

感到呼吸短促，伴随着对晕厥和死亡的恐惧，可能是最普遍的恐慌症症状。尽管这些症状没有危险，却让人感觉很不舒服。当人们按照本能反应去试着深呼吸时，带来的却是更加地不适，这让人感觉多么的沮丧与懊恼！相对法则可以引导你以叹气而不是吸气开始呼吸，并且采用腹式呼吸法而不是胸部呼吸法。

在下一章中，我们将了解人们的焦虑和担忧是怎样"欺骗"他们去逃避他们害怕的事情的，而这又将怎样使他们的害怕加剧，而不是缓和。我们还将探讨应该如何对抗这种"骗术"。但在开始下一章之前，也许你可以花几分钟做一下呼吸训练。

第 **4** 章

练习主动接触，不要封闭自己

当你害怕某样东西时，不论是一个物体或者一种动物，某个地方或者某一情境，还是某项活动，诸如此类，你都会很自然地对其退避三舍。

这通常是一件好事。恐惧感提醒我们警惕环境中的潜在危险。它给我们发出信号，激发我们的活力，并赋予我们保护自身所需的能量，让我们为了保护自己去战斗或逃跑。当我们闻到剧院里散发出的阵阵烧焦味，或者冲出一条狗，对着我们疯狂咆哮并跃跃欲试想要攻击我们时，我们会感到恐惧，这的确是面对危险时有效而及时的信号。它在提醒我们："保护好你自己，否则你可能受伤。"这样的信号可以帮助我们化险为夷。

但是，哪怕身边没有任何危险，我们也会感到恐惧，这就是我们所说的"骗术"。有时，我们不是对环境中的危险品或危机事件做出反应，而是对内心不愉快的想法、情绪和身体的感觉做出反应，从而感到害怕。这就是为什么面对那些毫无危险的普通活动，毫无异样的物品和场所，心怀恐慌和患有恐惧症的人们也会落荒而逃——他们被"欺骗"了。

当你被"骗"着去逃避那些人畜无害的事情时，你的恐惧感会减少，你也的确会从中得到立即的、短期的好处。但从长远来看，那些你有意避开的物品或情境会在未来让你感到更加害怕。这是一种舍本逐末的方式，就好比你得到了一棵树，却失去了整片森林，为了片刻的宁静，你将失去长期的行动自由。

想要得到整片森林，最好的方法是练习主动接触，而不是保护自己不受这些诱发我们恐惧的活动、物品和地点的伤害。

当你经历高度焦虑的时刻时，这些时刻可能是恐慌症发作、可怕的强迫性想法入侵、突然间害怕在社交中受人排斥、对精神错乱的担忧，等等，这就好比你自己的私人恐怖电影的序幕。这个电影是在电影院放映，还是只在你的脑海中放映，事实上是没有任何区别的。我们内心的想法、情绪和身体的感觉对我们产生的影响和外界的事物和事件对我们产生的影响一样大——甚至可能更大。只是明白"这只是一部电影！"并不能阻止你感到害怕。

当你把所有的恐惧都当成是真实和即刻就会到来的危险警告，并需要立即采取战斗或逃跑的措施时，你就会被焦虑的"骗术"俘虏。这正是人们来我的办公室咨询的原因：他们的恐惧并没有给他们提供任何实质性的危险信号。他们知道这种恐惧是无用且不现实的，但无力阻止它把他们的生活搞得乱七八糟。

要想知道哪些恐惧应该被认真对待，哪些恐惧应当被忽视，破解之道是依靠自己的经验判断。不管你是害怕狗，害怕飞行，害怕在高速公路上开车，害怕没有锁门或者不小心开着燃气，害怕在公共场合演讲，还是害怕遇到陌生人，等等，不管你害怕什么，你过去的经历都会成为你最好的向导。

逃避对你来说是个问题吗？

让我们从答题开始这个练习，请在笔记本上记录你的答案。

1. 是什么触发了你的恐惧？可能是你身边的一件物品、一只动物或者一个人，某件事，一项活动，某次让人伤心的遭遇，或者可能是你的一种想法，一种身体上的感觉，或者一种情绪。

2. 当你遇到那些物品、人或动物，参加那次活动，遭遇那种情境，或者体验到那种想法、感觉或情绪，然后变得害怕时，你是害怕外部环境还是害怕你内心的反应对你产生的影响？

3. 它真的做过那种让你害怕的事情吗？（做过或者没做过）

如果你对第3个问题的回答是"做过"，表明你的恐惧确实与某些危险有关，或者这些危险在你生命中的某个时刻出现过。例如，很多成年人都有小时候被狗咬的经历，但他们成年后被狗咬伤的可能性大大降低。对第3个问题的肯定回答并不一定意味着你现在还面临着危险，但如果这种情况到目前还在对你造成困扰，这时候值得请专业治疗师看一看。

也许你的答案并不是简单的"做过"或"没做过"，而是下面这些答案中的一个：

- 还没有做过，但如果真的发生了呢？

- 还没有做过，只是我很幸运！

- 还没有做过，因为我带着药（或手机、水瓶、支持人员、情感支持动物及其他一些辅助物）来帮助我。

如果是这样，那你可能被"骗"了，你过于相信你的想法和恐惧，而不是你的实际经历。第5~7章将告诉你人们有可能以怎样的方式像这样被"骗"，以及你能做些什么来应对。

然而，如果你的答案是简单的"没做过"，也就是说，使你恐惧或害怕的东西没有做过任何对你有害的事情，那就表明你面对的是不舒服的感觉，而不是危险。在这种情况下，你可以立即使用相对法则。

与逃避相对的做法是什么？是去接近和经历你

一直在逃避的事情。这就是心理学家通常所说的"暴露"，我把它叫作"主动接触练习"。如果你一直逃避使用电梯，那就去主动乘坐电梯吧；如果你一直在躲避狗，那就去主动接近狗；如果你一直在躲避飞行，你猜对了……那就去坐一坐飞机。与逃避相对的做法是主动接触你害怕的情境、物品或活动。

▌练习感受害怕

当人们来到我的办公室时，通常希望我能告诉他们如何不害怕飞机、狗、公开演讲，或者其他任何他们害怕的东西。他们希望先摆脱恐惧的束缚，再去处理他们过去害怕的情境或物品。

你可以同时做到这两件事：既消除你的恐惧，又处理好你所恐惧的情境。但通常不是以这个顺序来做的。对于害怕坐飞机的人们来说，要学会在飞机上不那么害怕；对于害怕狗的人们来说，要学会和狗和谐相处；对于害怕在高速公路上开车的人们来说，要学会在高速公路上开车，诸如此类。

为了帮助你理解这一点，我得告诉你一些关于大脑的知识。说到我们的大脑，我们通常只会想到负责有意识地思考的部位（大脑皮层）。但是，大脑中还有很多其他部位，每个部位都有其独特的功能，而且大部分都是在我们的自觉意识之外运行的。例如，小脑有些什么功能呢？小脑可以维持我们身体的平衡，而这是在我们的意识之外运转的。我们只能观察到我们不会像烂醉如泥的人们那样扶着墙走，而是能够稳稳当当地站着，而这就是小脑在发挥作用的结果。

大脑的其他部位也会共同参与探测危险的任务。尤其是杏仁核，它与强烈的情绪唤起和"战斗或逃跑"的反应密切相关。杏仁核是我们防御危险的前线，是大脑中负责随时保护我们安全的部位。

就像小脑一样，杏仁核也在我们的自觉意识之外运行。这就是为什么遇到紧急情况时，它能够如此快速地反应。你可能认为大脑皮层完全代表了你，但它不能用理性来让杏仁核就范，更不能凌驾于杏仁核之上。事实上，当杏仁核被激活并宣布进入紧急状态时，大脑皮层基本上处于静音状态，被屏蔽于行动之外，直到危机结束，方能让理性"还魂"。

这就是为什么虽然恐高症患者可能意识到自己的恐惧被严重夸大了，却完全无法说服自己摆脱恐惧。

恐狗症、飞行恐惧症、污染恐惧症、社交恐惧症，等等，都是一回事。焦虑症的本质是人们在没有危险的情况下变得害怕。即使他们知道没有危险，也无法说服自己摆脱恐惧！

遗憾的是，当他们无法说服自己摆脱恐惧时，往往就会责怪自己。他们经常把这归咎于自己太软弱、太懦弱、太愚蠢，或者有某种缺陷。而他们不知道的是，他们无法说服自己摆脱恐惧的原因更多地与大脑的结构有关，而不是与他们个人的性格有关。具体来讲，这是因为在对明显的危机做出反应时，我们的大脑会让杏仁核接管大脑皮层的输入信号，甚至使大脑皮层的输入信号无效。在这时我们的行为并不受理性思维的驱动。

这通常是一件好事，因为杏仁核的工作速度比大脑皮层快得多，万一你遇到紧急情况，你肯定也希望大脑能够很快做出反应。所以你无法简单地说服自己摆脱恐惧，即使你能感觉到自己的恐惧明显是被夸大的和不现实的，原因就在于杏仁核忙于处理可能发生的危机，不会理会任何来自大脑皮层的呼叫！

你不可能通过良言相告就让杏仁核迷途知返，但你可以重新训练它。假如你要重新训练杏仁核，这一事实必须谨记于心：杏仁核只有在被激活时才能"学习"并"创造"新的记忆。知道我说的"被激活"是什么意思吗？当你感到害怕时，杏仁核会竭尽全力保护你，这时你的杏仁核就"被激活"了。因此，如果有人害怕一个人乘坐电梯，并且想训练杏仁核以减少恐惧，就需要遵循以下这几个关键步骤：

1. 走进一部电梯。

2. 当杏仁核处于高度戒备状态，激活了"电梯=不好"的联想时，他会感到害怕。

3. 乘电梯的时间要足够长，让杏仁核有时间注意到并没有发生什么不好的事情。

4. 当杏仁核安定下来时，就会"创造"出一种新的记忆，它明白，有时候乘坐电梯也没什么危险。那么，这时就可以离开电梯了。

5. 必要时在不同的电梯中重复以上练习，以强化"电梯=好"的意识，直到它成为杏仁核对电梯的主要联想。

当你对在遇到狗或乘坐飞机时杏仁核的处理方

式不满意时，你大可不必用理性的方式和杏仁核"争吵"，你完全可以改变它。如果你对自己的肱二头肌不满意，你也依然不必用理性的方式和肱二头肌"争吵"，你完全可以改变它。你的肱二头肌不喜欢听大道理，就像你的杏仁核一样。你可以通过适当的锻炼来改变肱二头肌，杏仁核亦然。你完全可以通过正确的方法来重新训练它。

主动接触练习可不像悟空吹根毫毛一样，只要我们一出现，那恐惧就消失得无影无踪。它的关键就在于你要直面那令人战栗的恐惧，去体验恐惧，给自己时间来与恐惧相处，并使之慢慢消失。逃避策略使得恐惧的感觉依然在那里，甚至产生更多恐惧的感觉，而主动接触练习则让你的杏仁核训练有素，进而逐渐减少这种感觉。练习主动接触恐惧是你重新训练杏仁核并逐渐减少恐惧感的必由之路。这就是所谓"主动接触练习"的内涵。它不是让你变得更坚强、更勇敢或更聪明，只是为了重新训练你的杏仁核。

可能你也在疑惑，怎么能让自己静若处子，心平气和地去感受恐惧？方法如下。

▍AWARE步骤

这是一个包含五个步骤的指南，你可以在练习期间或者在经历高度焦虑的时候，用其指导自己。

接受

当你注意到自己感到害怕时，很可能想要采取对抗措施来试图制止这样的感觉。你当然不想被这种情绪纠缠，这不是你应承受的，它们让你感觉糟透了。如果你能像遭遇一场倾盆大雨后把湿衣服换下来那样，将它们随手一抛，那该多好，可是你做不到。如果你偏要逆水行舟，偏要去那么做，你将在与自己的想法、情绪、身体的感觉和其他本能反应的斗争中泥足深陷。你不会赢得胜利，这只会让你的焦虑更甚，而不会有些许缓解。对抗不仅是徒劳的，还会让你感觉更加痛苦！对抗的反面其实是接受。

因此，朝相反的方向走，采取反直觉的措施才是正道，让自己在等待症状消失的过程中，尽可能被动地去体验和接受这些症状，然后静待症状消失。为什么要这么做？有两个原因。首先，与对抗的手段相比，这种做法可能会使焦虑症状消失得更快。其次，只有这样才能帮助你重新夺回长期的自由，无论是乘坐电梯，面对小狗，在学校或教堂发表演讲，还是乘坐飞机，以及任何你想做的事情，你都不再害怕。

这和你平常焦虑时的反应有什么不同呢？如果你和大多数人一样的话，可能与你平常的反应相反。

观察

观察什么？观察你自己，以及你体验到的症状和你立即做出反应的本能冲动。你可以使用自我观察日志模板来观察和记录你的症状。留意任何想要逃跑或转移注意力的冲动，并且将其记录下来。这有助于你更加深入地理解观察者的角色。你越是坚定地扮演观察者的角色，就越不容易被焦虑症"欺骗"。

这和你平常的反应比起来怎么样？

行动

现在，你已经完成了"接受"和"观察"这两个步骤，也许是时候来采取一些行动了。前两个步骤的作用就像一句古老的格言："在你生气之前先数到十"，为你自己赢得一些宝贵的时间，以便来策划真正有益的行动方案。

你该如何行动？这取决于在面对高度焦虑时，你觉得自己应该如何做的想法。当恐慌症发作时，当你高度焦虑时，当你产生了强迫性的想法时，你该如何行动？如果此刻，我正在偷听你的想法，我会听到你对自己说了些什么呢？

大多数人认为，他们就应该去给焦虑按下停止键。

大错特错。

停止焦虑并不是你应该做的事情。其实不论你做什么，每一段焦虑都会自行结束。也许你试尽千种方法，每一种都能药到病除，那焦虑也的确结束了。然而，哪怕你南辕北辙，用的方法乱七八糟，毫无用处——比如，试图与焦虑的诱因对抗或者逃跑——它也依然会结束的。无论你做什么，每一段焦虑都会结束。

你是否曾经遇到过焦虑症发作而无法结束？我问过很多人这个问题，我想你的答案也和他们的如出一辙。是的，你从来没有碰到过哪段焦虑不会结束，所以无论你如何应对，它们都会结束。它们可能不像你期待的那样快速地结束，但那是另一个问题，需要我们采取不同的解决方案。

所以，你该做的事情并不是想方设法去结束焦虑。那么，在焦虑期间，你该做些什么？它比你想象的容易得多：在你等待它结束的过程中，看看是否能够让自己感觉更加舒服一点，少一点沮丧。如果你并没有感到更加舒服，那么，你依然要遵循着这些步骤，等待它结束。它们一定会结束的。你越能接受暂时的焦虑，并尽可能被动地等待它结束，它就会越快结束。

当你怀揣着等待的念头，在等待结束的过程中，你可以做些什么呢？

你可以选择到处晃一晃，但什么也不用做，因为没有什么是真正要做的。每一段焦虑情绪都会自行结束。但是，这种做法也许对你来说要求过高，尤其是在你实施恢复工作的初期阶段。你可能更倾向于去找一些事情做，这是完全可以理解的。也许慢慢地，当你取得一定进步之后，你才能开始对这个步骤中出现的任何反应不再在意。而此时，你最好采取相对温和的反应，因为这一步里不需要采取什么大的动作，少即是多。这样的反应正暗合相对法则。你可以采用以下这些方法。

1. 最有可能有效的一个方法是腹式呼吸法，尤其是感受到你的上半身有了强烈的焦虑症状时，当你相信自己快没气儿了，充满了困惑与绝望时，你就待在原地进行腹式呼吸，这有助于你更舒适地呼吸，使症状得以缓解和消失。

2. 你可能还发现，用不同的方式来应对那些引发焦虑的"如果……怎么办"的想法，也是十分有益的，这些想法往往是焦虑的一部分。

如果你和大多数焦虑症患者一样，就可能会用某种方式来抵制这些想法。也许你会和这些想法"争论"，试图反驳它们，或者转移注意力，转移话题，让思绪停下来，但这些反应通常对你没有多大帮助。你越是抑制，它们就越是黏人。

有多少次你的家人和朋友试图帮助你摆脱焦虑，告诉你"冷静下来"？或者，指出你的恐惧似乎被夸大了、是不现实的或不太可能发生的？或者告诉你

"不要再想它了"？

这些建议不仅是毫无疗效的，而且还让人烦不胜烦！你知道吗？当你在自己身上使用这些方法时，它们不会让你变好。与这些方法相反的是什么？对抗那些让你恐惧的想法的反面就是接受它们，并且与它们做游戏：其实就是用幽默来化解你焦虑的想法。这将是第6章的主题。

这一步和你平常的反应相比如何？

重复

R代表重复。它的意思是，当你使用AWARE步骤后，你会感觉好转了，然后却会感受到另一个焦虑想法的高潮。R就在这里提醒你，不碍事。如果另一波焦虑的狂潮来袭，那你就再重复一遍这些步骤。从头开始，需要多少次就重复多少次。如果没有这里的重复，你可能以为这些步骤出了什么问题，因为它们不起作用。记住，你要做的事情就是在等待焦虑结束的过程中，看看自己是否能感到更舒服一点，这就是R这个步骤的内涵。

这一步和你平时做的相比怎么样？

结束

最后这一步提醒我们，不管你做什么，焦虑都会自行结束。焦虑症发作的结束和开始一样，都是它的一部分。就像物品的包装盒，你又何必再提供一个呢？

这一点值得强调，因为焦虑症患者脑子里往往充满了对如何结束焦虑的担忧，比如：

- 它什么时候结束？

- 如果它不结束，怎么办？

- 我怎么做才能让它结束？

你要做的不是使它结束，这一点一定要谨记于心。

本章小结

想要逃避恐惧是再正常不过的反应，但一旦形成习惯，就会导致焦虑症的持续发作。与焦虑症的信号和症状"合作"而不是"对抗"，才能指引你朝着正确的方向前行。当你产生想要对抗逃避的冲动时，AWARE步骤是一个有益的指南。

下一章中，我们将告诉你如何更好地发现"如果……怎么办"思维的"骗术"，而且让你开始轻松地应对这些想法。

第5章

在行动中捕捉担忧

如果你正在与慢性焦虑症做斗争，你就会经常淹没于 "如果……怎么办"的想法中，满脑子都是未来可能发生的糟糕的事情。这些想法是引诱你沉迷于某件坏事的诱饵，虽然这件不好的事不太可能发生，但还是可能发生的……因为没有什么是真正不可能的！一旦你被"骗"，你就上钩了——可能是几分钟，可能是几个小时，也可能是整个上午——因为你在拼命对付那个令人担忧的想法。焦虑症发作迟早会结束，但当它还在持续的时候，会让人感觉很倒霉，而且你正在强化一个不断重复的焦虑习惯。

这些"如果……怎么办"的想法就像鱼线上的鱼饵，如果鱼儿没有注意到这条看起来很美味的虫子后面那个银色鱼钩发出的微光，它就很可能咬钩，而一旦咬了钩之后，那它面临的问题就会比饥饿大得多。鱼儿只有学会区分有饵的鱼钩和真正的食物，才更有可能"海阔凭鱼跃"。当然，焦虑并不像鱼儿上钩那样，是一个生死抉择的问题，"如果……怎么办"这个想法就是那诱人的饵料，你要学着识别出它的诱惑，训练自己向后退，而不是冲上去与那子虚乌有的坏事争强斗胜，受尽各种精神折磨。对于那些堕入长期焦虑模式的人们来说，这才是一条让担忧更少，让生活更好的正道。

焦虑戏弄了你，把你玩弄于股掌之间，就像渔夫抛下鱼饵去戏弄鱼儿一样。它悄悄溜进你的心门，释放出威胁的信号，悄无声息地把你戏弄，让你陷入焦虑，无法自拔。它的手段如此强而有力，就像秋风扫落叶般地让成千上万的人纷纷落网，无论你多么善

良、多么有能力、多么聪明和多么有价值。幸运的
是，几乎所有的慢性焦虑症都总是用"如果……怎么
办？"来打头阵，你就可以利用这些话来帮助自己找
回生活中真正重要的东西，而不是反反复复地担忧。

成功人士也不能幸免

克里斯是一位年轻有为的企业高管，今年30岁
出头，两星期后，老板会对他进行绩效评估。他在这
家公司工作了3年，3年来他一直都很成功，也受人尊
敬。他的前两次绩效评估结果都很不错。但是，每当
他的年度绩效评估的日期临近时，他都变得非常焦
虑，今年也不例外。

他的妻子卡萝尔意识到了他这种状态。克里斯经
常在吃早餐时提到他的心头大患，"如果他们今年对我
不太满意，怎么办？"她提醒他，他去年也说过同样
的话，但妻子这样说也无法让他安心。他说："但今年
也许老板要找我麻烦，怎么办？"卡萝尔一针见血地
指出，过去3年里，他在公司的表现是非常棒的。但
他回答："没有什么是永恒的，也许我应该更新一下我
的简历。假如我突然失业了，怎么办？"他的妻子说

道："不会有事的。"她希望能平息他的恐惧。听到这
句话，克里斯确实沉默了，但那是因为他怀疑，卡萝
尔只是投其所好，只说那些他想听的。她提醒他，当
他第一次去找工作时时，也曾经有过一段时间非常担
心自己找不到工作。在那期间，他常常想："如果我找
不到工作，怎么办？"然而这些话都无法给他带来安
慰。

克里斯和自己争论

克里斯深陷与自己的担忧的争论之中。那种无
法抗拒、令人恐惧的"如果……怎么办"的想法总是
萦绕在他的心头，让他惊慌失措，心烦意乱。面对这
些想法，克里斯总是慎重以待，仿佛它们预示着未来
真实的麻烦。他绞尽脑汁，用尽各种办法来与自己内
心的想法争论，以期获得胜利，让担忧终结。他曾尝
试过：

- 让自己分心。

- 压制自己的想法。

- 反驳自己的想法。

- 用某些更积极的东西来代替那些想法。

- 从妻子那里获得安慰。

- 说服自己，一切都会好起来的。

克里斯没有意识到的是，当他在与自己的想法争论时，实际上是在与他自己争论。在这个世界上，没有比和自己辩论更加势均力敌的对抗了。这是一场持久战！

卡萝尔陷入了困境，尽管她试着安慰他，他不会被解雇，但是她也不能真正证明这一点。毕竟，她丈夫未来是有可能被解雇的，也有可能面临一些负面的事情。当你试图说服自己或其他人，坏事不可能发生，反而会延长争论的时间，而不是缓解担忧。克里斯和卡萝尔的对话并没有使问题取得任何进展，因为此时，被解雇并不是真正的问题，真正的问题是，他是被蛊惑着去担心自己会被解雇的。

┃让你担忧的不是未来的失败，而是现在的紧张感

很多现象都显示出你的紧张。身体上的感觉是一种，比如手心出汗和心率变化。另一种是行为，比如咬指甲、抖腿和各种形式的坐立不安。还有忧心忡忡

的想法，最典型的就是 "如果……怎么办"的想法，内心都是未来可能会发生的灾难，这种想法是人们最难以识别和处理的一种精神症状。

你可能轻而易举地就能明白，咬指甲、坐立不安、无聊或其他不舒服的感觉，是你感到紧张的信号。你不太可能认为你之所以咬指甲，是因为饿了或者缺乏营养。你也能轻而易举地把抖脚或者抖腿理解为你感到紧张的信号，你不可能觉得这是因为你想踢沙包了。同样，你也能明白为什么在演讲时手心出汗，你也不可能认为这是因为你体内水满自溢，你必然会认为这是紧张的表现。

然而，克里斯却把这些想法当真了，无论是绩效评估得到差评，还是丢掉饭碗，他的反应就好像这些想法是对即将到来的失去工作的麻烦的实质警告。对某些人来说，在某些情况下，这些信号确实意味着可能丢掉工作。但是，克里斯拥有很好的工作经历，与老板和同事的关系也很好。"如果我的工作绩效评估很差，怎么办呢？"他的想法并不是对未来工作绩效评估很差的有效警告，而是紧张的症状。它和手心出汗或咬指甲是同样的意思。对于克里斯来说，将来并没有什么问题值得他担忧，他真正的问题是担忧本身。

担忧的想法从我们的内心深处神不知鬼不觉地就向我们袭来，我们甚至没有注意到它再次把我们"欺骗"。它存在于潜意识中，让我们非常容易就上当受骗。克服这个问题的第一步就是要擦亮眼睛，看清担忧的想法是如何运转的。

▎解析担忧的句式

典型的担忧想法由以下两个部分组成：

如果……（发生了灾难性的事情），怎么办？

灾难性的事情是些什么？眼下没有发生任何事情。这就是慢性焦虑症的"疯狂填词"（Mad Libs）游戏。你可以在上面这个句子的括号中插入任何不好的事情，只要那些不好的事情没有发生，这个句子就是成立的。

如果……（我患了癌症），怎么办？

如果……（我爱人离开了我），怎么办？

如果……（他卷走了我所有的钱财），怎么办？

如果……（他丢下这对双胞胎），怎么办？

大多数与担忧做斗争的人都没有注意到"如果……怎么办"这些词。他们只会注意到上面括号中的那些词语，因为它听起来很可怕。让我们仔细看看灾难性的事情在表达担忧的句子中是怎么起作用的。

在"疯狂填词"这个游戏中，我们邀请参与者在句子中填入各种各样的词语——形容词、人称代词、颜色，等等——并希望创造一个幽默的或荒诞的故事，使得聚会上的其他人都喜欢。

你也可以在"如果……怎么办"这个句子中做类似的事情，当然，你一定不会感到快乐。要求是这样的：想一些现在还没有发生的糟糕的事情，然后假装它正在发生！这就是"如果……怎么办"的意思："让我们假装有些不好的事情吧！"

面对这些想法，人们会感到心烦意乱、焦虑不安、胃部不适、心跳加速、坐立不安，那是因为他们实际上是凭空想象出了一个世界，在这个世界里，可怕的事情正在发生或即将发生。他们假装那些事情将会发生，想象那种感觉。这就像他们心目中的私人电影院，只放映恐怖电影！

如果你能更好地注意到你的想法之中的"如果……怎么办",可能有助于你不那么严肃地对待灾难性的事情。"如果……怎么办"这个句子其实是最好的提醒,它在告诉你,现在并没有出现那些问题。

比如一个患有严重恐狗症的人,她总是担心被狗咬伤。即使安全地待在家里,她也感觉忧心忡忡,因为她知道自己第二天必须出门。即使在一栋高档办公楼的第20层楼工作时,她也同样感到担心,因为她知道自己必须离开办公楼,才能回家。她经常梦到狗咬她,这让她感到十分焦虑,尽管她在锁着门的家里睡得很香。什么时候她才能保证自己不再担心被狗咬伤?

当真的有一条狗正扑上来咬她的时候,她会忙着保护自己——找根棍子,大声呼救,爬上栅栏,尽自己最大的努力来保护自己。而这些"撩"人的"如果……怎么办"的想法在脑海中冒出来,对她来说是最好的提醒,让她知道,当前这一刻,并没有狗咬她。如果关键时刻到了,她会避开那条狗,而不是绞尽脑汁地想着怎么对付。与"如果……怎么办"的想法做斗争仅仅是一项休闲活动,关键时刻我们根本无暇这么做！

假如你能在日常活动中更好地捕捉你的"如果……怎么办"的想法，将对你的生活产生很大帮助。这个句子是让你从担忧中抽身而出的最后的也是最好的良机，如果你走了出来，你就不会再"上当受骗"，卷入一场与自己关于"灾难性事件"的争论之中。你可以训练自己更好地注意那些"如果……怎么办"的想法，这将有助于你避开与自己"双手互搏"。

你可以按照下面的建议开始。

观察你的"如果……怎么办"的想法

给自己买几盒嘀嗒糖，或特定数量的薄荷糖，比如，每盒60个的嘀嗒糖。养成这个习惯：无论你去哪里，都随身带一盒。每当你注意到自己在想（或者在说）"如果……怎么办"的时候，打开盒子，拿出一粒嘀嗒糖。如果你喜欢吃，你可以吃掉；如果你不喜欢吃，可以把它扔进垃圾桶。用消耗嘀嗒糖作为一种简单的方法来记录每天或每周你产生了多少次"如果……怎么办"的想法。

这确实是个奇怪的小练习，但我鼓励你在接下来的几周内有序地做起来，并在此之后周期性地做下去，以保持这个习惯。不要太在意实际的数字（顺便说一下，实际数字可能比你预期的要高），而是要培养计数的习惯。（如果你喜欢用计数器或者其他计数方法，也没关系。）计数的习惯会帮助你更好地发现自己正在陷入"如果……怎么办"的思绪中。这样一来，你就可以选择如何应对这种想法，而不是让它随意影响你的情绪和选择，而你甚至都没有注意到。这正是"使无意识成为有意识"（Making the unconscious conscious）这句话的意思。

假如你在2002年前后在美国的家中吃饭，可能会遇到这种情况，那个时候，"拒绝来电"的法律还没有被制定。电话铃响了，你接听电话，对方说："你好，我有几本免费杂志要送给你！"如果你把这句话理解为某个慷慨的人想送你一份礼物，最终，你可能会买一些你并不真正需要的东西。相反，如果你辨别出这是一个电话推销员打来的销售电话，并做出了相应的反应，你可能就不会有任何损失了。

这个电话对你的影响取决于你是认为这个电话是

一份礼物，还是认为打电话的人目的是卖给你某些东西。"如果……怎么办"对你产生的影响也取决于你认为它们是对未来的重要警告，还是只是当下感到紧张的一个想法。正因为如此，你首先应养成清晰地注意到这个假设性句子的习惯，这将是十分有益的，能防止你把注意力转移到灾难性的事件上。

在使用嘀嗒糖几天之后，再选择一个你经常联系的值得信任的人，也许是你的配偶或好朋友，你知道这个人总是把你的最大利益放在心上，向他解释你在做什么，在和他交谈时，请他帮你留意，当你说了"如果……怎么办"的时候，用一些简单的动作提醒你。他可能简单地用食指指着你，或者用拇指做个打车的手势，只要能够向你指出你刚才说了"如果……怎么办"这句话就行。当你在打电话、发短信或发电子邮件时，他也可以做类似的事情——使用一个特定的表情或短语来帮助你观察自己的行为。

一旦你能更好地捕捉到自己"如果……怎么办"的想法，你就能更游刃有余地以更加适合自己的方式来应对自己内心担忧的想法。

一些长期与担忧做斗争的人们非常清楚，在他们担忧的想法中，"灾难性事件"的内容是不现实的、被夸大的。他们需要做的事情就是发现自己陷入这种假设性思维中，接下来，他们就会再一次意识到，他们听到的还是那些令人心烦的胡言乱语——重复的、被夸大的担忧。他们也许无法轻易地去消除或平息这些想法，但他们可以认识到，这种想法本身只不过是紧张的症状而已，而不是真实威胁的迹象。事实上，这就是一种"思想症状"，其含义和人们身体上的症状一样，比如手心冒汗——表明你很紧张。如果你是这些人中的一员，只需要用不同的方式来应对这种"思想症状"，而且，如果你愿意，可以跳过下一小节。

▍如果你担忧的事情看起来是真实的，怎么办？

不过，也有人报告说，他们的"如果……怎么办"的想法关注的是更加现实的问题。他们认为，他们的这种想法可能是一个有效而现实的警告，于是他们陷入了与这个警告的斗争中。这不仅使他们无法摆脱内心这些担忧的想法的纠缠，而且使他们认为自己不应该这样做，因为他们相信，这些担忧预示着很有可能发生的糟糕事情。他们觉得，担忧把他们武装起来，是在让他们为未来的糟糕事情做好准备。

这可能包括以下这些担忧：

- 如果我们的房子找不到买主，怎么办？（推出去6个月了，几乎无人问津）

- 如果我年迈的父母去世了，怎么办？（当父母真的快走到生命的尽头时）

- 如果我儿子考不上他理想中的大学怎么办？（当儿子的平均成绩很低的时候）

- 如果我失业了怎么办？（当我的公司出现财务问题，而且我前两次的绩效评估都被评为"不令人满意"时）

▎两步测试

当你认为在你内心的担忧想法中可能包含一些有用的信号时，请用下面的两步测试来评估它。

1. 我担忧的问题是否存在于我周围的世界，存在于我的思想和想象之外的世界？

2. 如果是这样，我现在是否可以做些什么来改变它？

　　如果你得到了两个肯定的答案，那么，担忧就不是你的主要问题。两个"是"说明让你惴惴不安的是一个现实存在的问题，是一个你可以做些什么来解决的问题，而不是一个虚构的问题，而且，这是一个再正常不过的担忧的想法，提醒你在力所能及的时候采取行动，而你可能真的需要采取这种行动。

　　当人们在周围的世界中发现了某个问题的蛛丝马迹时，比如，他的儿子很难上大学、他年迈的双亲可能在不久的将来离开人世，或者他的工作可能不保，那么，采取行动来避免这个问题或者为这个问题做好充足的准备，比起他整天忧心忡忡会更有好处。如果在他们采取了任何可行的行动之后，这种担忧仍然持续存在，而且这种忧心忡忡的想法不再传递任何有用的信息，那么，他们可以简单地注意到这种想法，并按照本章和下一章描述的方式做出反应。

　　但是，如果你得到的是其他答案的组合——比如第一个问题的答案是否定的，或者一个肯定一个否定，或者类似"如果……怎么办""它不会发生""想象一下""我猜想"等这些想法——那么，并没有一个实际的问题需要你去担忧，你的担忧本身才是问题。

如果克里斯把这个测试应用到他对即将到来的工作绩效评估的担忧上，那么他对第一个问题的回答很可能是否定的。他周围的世界里，似乎没有什么事情是有问题的。唯一的麻烦是他在自己的脑海里体验到的紧张想法。既然他周围的世界没有问题，而他也无需对"外面的世界"做出改变。

如果你也有这样的问题，也就是说，你只是有一些担忧的"思想症状"，而不是有一些需要解决的外部世界的实际问题，那么，接受这些想法，并轻松对待，将会对你大有裨益，不要被"诱骗"着去严阵以待。

如果你周围的世界里有一个实际的问题，你已经做了力所能及的事情，那么，你心头的担忧想法就不能再释放出任何有用的信息，你可以用同样的方法来处理它。这个想法就像一封你已经回复过的邮件的副本，它不再包含任何可以为你所用的重要的信息。

本章小结

"如果……怎么办"的想法可以很容易地把你"欺骗",让你觉得不好的事情正在发生,而实际上只是你的脑子里有了些对不好的事情的想法而已。如果你受到了蛊惑,不小心上了贼船,并且与这些想法争论不休,反而给你的焦虑习惯起到煽风点火的作用。

使用嘀嗒糖或其他辅助工具,可以帮你更好地监控在你担忧想法中的鬼把戏。当你能更好地注意到"如果……怎么办"的想法的诱饵时,就能更轻松地以不同的方式做出反应。

下一章将向你展示,只要你注意到了"如果……怎么办"的诱饵,就能以各种方法来应对。

第 6 章

轻松对待担忧的想法

　　人们经常轻而易举地被"如果……怎么办"的想法所"诱骗"，并对其严阵以待。即使你发现现在打来的是一通销售电话，但是，如果你怒气冲冲，与电话销售员进行争吵，试图指出他的错误，或者以任何方式一本正经地对待对方的电话，那么，这对你毫无帮助。遗憾的是，大多数人就是这么做的。他们认真对待让自己担忧的事情，即使他们意识到这些想法是不合理的，也根本不太可能，也还是经常和这些想法争来吵去，结果是人们越努力，却越感到痛苦。

认真对待这些"如果……怎么办"的想法反而会导致很多问题。因此，有效的应对方法反而是更轻松地看待这些想法，并且以幽默的方式回应它们带来的焦虑。

用幽默来对待担忧想法的建议，是不是让你感到更担忧？你是不是担心会忽略一些重要的警告？这就是两步测试的目的。

1. 现在，在我周围的世界里，这个问题还存在吗？

2. 如果它存在，我是否可以做些什么来谋求改变？

我假设你已经用两步测试评估了你担忧的想法，并且想在这些想法再次诱惑你时做出不同的反应。你应该怎样做出不同的反应？

穆罕默德·阿里可能是拳击史上最著名的拳击手。在1974年第二次赢得世界重量级拳王的头衔后，阿里将击败一位比自己年轻、高大、强壮得多的拳击手的壮举归功于"倚绳战术"。他解释说,"倚绳战术"就是让自己靠在绳索上,躲避和吸收对手的重击,直到对手筋疲力尽,打不出好拳来。而那个"笨蛋",阿里解释说,就是那个跟着他走到"绳索"的对手,打出了所有那些毫无实际效果的拳。

说到如何对"如果……怎么办"的想法做出反应,就不要像阿里口中的那个"笨蛋"那样!那些假设的想法通常是为傻瓜准备的。当你的思路经常被"如果……怎么办"的想法困扰和打断,而这些想法要么是并不存在的,要么是即使存在也无法改变的,那么,你就处在一种被你自己的担忧的想法诘难的状态。

应对人们的诘难,最好的方法是什么?受到诘难的演讲者可能会脱掉上衣,冲到观众中,对诘难者拳脚相加,但这对他的演讲没有任何帮助。试着不理会那些起哄的声音,也依然无济于事,因为他还是能听到那些声音,观众也知道这一点。对演讲者来说,回应诘难最好的方式就是将对方的诘难融入他的演讲。这是消除诘难的有效方法。

与你心头的担忧"争论",通常会使事情变得更糟。而与"争论"相对的是迁就、同意这些担忧的想法，并且幽默以待。本章提供了一些方法，可以帮助你做到这一点。

自相矛盾的重复

首先，选择一个时间和地点，在那里你可以拥有完全的隐私，你不需要回应其他任何事物，包括你的孩子、小狗，也不会受到电话或门铃的干扰，等等。你可能需要15~30分钟来完成这项任务。

选择一个你经常感到担忧的主题，一个你之前并没有通过两步测试的主题：要么它现在并不存在于你的意识之外，要么它即使存在你也无法采取任何措施来改变它。

接下来，组成一个表达担忧的句子，这个句子包含了你对这个主题所有最坏的情况的担心。包括你今天对它的恐惧，也想象一下当你晚年时，回顾自己的生活会是什么样子，就像你的一生都被这个假设性的问题摧毁一样。

在你的句子中，仍然要包含"如果……怎么办"这几个词。花几分钟的时间来完成这个句子，并把这种担忧强有力地表达出来。这可能并不令人愉快！但你不要就此放弃，这种不舒服的感觉会过去的。

一旦你完成了这个表达担忧的句子，就坐在或站在镜子前，慢慢地、有条不紊地把这个句子大声地重复25次。这样做的目的是让你在尽可能多的感官通道中感受你的担忧。人们通常是在忙于其他活动时感到焦虑，比如，在开车的时候、吃饭的时候、洗澡的时候……同时感到担忧，这其实是在同时处理多项任务。在处理多项任务时感到的担忧，会让你很难察觉到心头的担忧，使你自己更容易"上当受骗"。在反复说出这个句子的时候，你要把注意力集中在你的担忧上，以确保你没有同时处理多项任务。

不要在脑海中不停地计数。相反，你可以使用这两种计数方法中的一种：在一张纸上做25个记号，每重复一次就划掉一个，或者在桌子上放25枚硬币，把它们从一边移到另一边，每重复一次就移动一枚。

现在就去创造这个表达担忧的句子吧。在创造这个句子时，不要被一些不太愉快的东西所局限，而迟疑不决。把尽可能多的痛苦、绝望和焦虑都表达在句子里。当你在句子中填入那些最让你伤心痛苦，最令你心烦意乱的焦虑情绪时，这个练习才能发挥出最佳效果。

当你想出一句话，可以一针见血地表达你的担忧时，就要再接再厉，大声地把它重复25次，完全不必急着继续阅读本书。

25次都重复完成了吗？在最后一次重复时，与第一次重复相比，你的情绪是否有变化呢？

大多数人以为，重复这种不愉快且令人不安的想法会使人非常心烦意乱，而且伴随着这种想法，他们的心烦会愈演愈烈。正因为如此，人们总是频繁地采取转移注意力的方法，甚至认为让自己感觉更好的方法就是停止那些令人担忧的想法。

然而，很多人发现，重复这些想法会抽丝剥茧般地从那表达担忧的句子中把令人苦恼的能量消耗殆尽。当他们完成第25次重复时，就不再像第一次重复时那么苦恼了。它已经降级为一个单纯的声音了。他们发现这种主动接触担忧想法的方法，不仅适用于使人担忧的物品和活动（如动物和公开演讲），还能很好地应对令人担忧的想法！

克里斯在使用这种方法时，就发现了这一点。他创造了这样一个句子："如果我的老板解雇了我，我再也没有工作了，我的妻子离开了我，我再也见不到我的孩子了，我英年早逝，我烂醉如泥了，我一贫如洗了，该怎么办？"

创造这种句子当然并非易事，感觉也极不舒服，而且在头几次重复时，会让人感觉糟透了。这个句子充满了可怕的想法，对吧？然而，克里斯发现，他重复的次数越多，他的情绪就愈发放松。当进行到第8次重复时，他笑了。当进行到第25次重复时，这个句子看起来已毫无意义了。而且，当克里斯拿到他的绩效评估结果时，发现这次的结果与之前的评估并无二致，和他预期的结果南辕北辙。

试一试这种方法吧。如果你的反应和克里斯一样，就仔细体会一下这种反应的讽刺意味。人们费尽力气，想要将某个令人沮丧的"如果……怎么办"的想法从脑海中驱逐出去，然而，在纵情地把这种想法重复25次后，就能获得极大的解脱！

用外语说出担忧

如果你碰巧会使用两种语言，用你的非母语语言来表达你的担忧，可能也有帮助。每当你注意到那些"如果……怎么办"的想法，或者发现自己又被担忧困扰，就切换到你不太流利的非母语语言中，用那种语言来表达你的担忧。

如果你不懂外语呢？这也是克里斯所关心的。他只在高中时期学过几年的法语，担心自己的法语不够流利，无法很好地表达自己的担忧！但是，你何必要说得那么好呢？你只是用它来表达担忧的想法而已！如果你觉得有必要，可以查字典（如德语怎么说"窒息而死"），或者把你知道的一点点外语和你的母语混合起来。如果你根本不懂外语，那就用一些方言！

用担忧作诗

我的许多患者发现，用简单的俳句来表达他们的担忧特别有帮助。这里所谓的俳句是指三行不押韵的诗句，第一行有5个音节，第二行有7个音节，第三行有5个音节。试一试，看看你是否能在最后一行加入一些惊喜或讽刺的元素（如果不能，也不用担心）！

以下是克里斯写的俳句:

我的老板会炒我鱿鱼。

我将失去家庭、妻子、孩子。

失去所有的一切。

我能洗车吗?

如果俳句对你来说太陌生了,写一首打油诗怎么样?下面是一首五行的打油诗。第一行、第二行和第五行有7~10个音节,彼此押韵,并且有着相同的语言节奏。第三行和第四行有5~7个音节,彼此押韵,语言节奏相同。这是以前一位害怕飞行的患者写下的打油诗:

我将登上那架飞机,

即使这会让我疯狂。

我会把门踢开,

穿过那扇门,

这样,所有人就都知道我的名字。

用担忧写歌

创作一些简单的歌词来表达你从担忧中听到的最可怕、最古怪的声音。把它们放进耳熟能详的流行歌曲中，你可以在心头默唱，也可以大声（建议）唱出来。唱这些歌曲的目的并不是让你的烦恼消失。相反，这是给它们空间，将它们释放出来，使你能以一种有趣的方式接受它们。

散步解忧

这是一个有趣的实验：用2~5分钟来散步，如果天气好的话，在你住的街区走走可能是最好的方式，但你也可以在地下室里走一走。在散步时，你要在脑海中记住这个想法：我动不了，我的腿断了。这显然不是真的，但没关系，这只是一个实验。

在散步后，请考虑以下问题：

- 当你带着这种想法四处走动时，你感觉如何？

- 当你四处走动时，你对这个想法持什么态度？

想想其他时候，例如，当一个不真实的或被夸大的让你感到担忧的想法出现在你的脑海里时，你感觉如何？你对那个想法持什么态度？

克里斯做了一个类似的实验，他在我的办公室里走了几圈，脑子里一直想着"我动不了，我的腿断了。"他意识到这次经历既有些熟悉，也有些不同。他很熟悉头脑中带着他所谓"愚蠢的想法"走来走去是什么感觉，这次就是其中的一次，因为他的腿显然完好无损。但这次不同的是他对"愚蠢的想法"的反应。在此之前，他从来没有在脑海中带着"愚蠢的想法"四处走，并且每次都陷入和这个想法的争论之中，纠缠不休。这一次，他只是怀着这个想法走来走去，既没有争论，也没有生气，因为他知道，这只是我的一个"愚蠢的想法"，而不是他的！

克里斯能够清楚地看到，他并没有主动或故意创造那些让他感到恼火的"愚蠢的想法"。他的大脑产生了这些不需要的想法，就像他的胃有时会发出不需要的噪声那样。这个实验帮助他意识到，当他在我的办公室里走来走去时，他可以轻松地在脑海中携带来自我的有关他的腿断了的"愚蠢的想法"，却不会把它看得太严重，也不与之争论。这还增加了一种可能性——他也许可以带着自己"愚蠢的想法"四处走动，也同样不卷入与这些想法的争论中。或许，通过练习，你也能找到方法，带着那些你认为过于夸张且毫无帮助的担忧想法四处走动，而不陷入与这种想法的争论中。

带上你的担忧

通常情况下，人们会错误地以为他们必须在转到另一项活动之前摆脱干扰性的焦虑想法。例如，一位心烦意乱的女性可能决定不去参加某个晚宴，因为她认为自己不会喜欢那种满脑子心烦意乱却去参加另一场活动的体验。她决定独自待在家里，在那里，很可能她会继续沉浸在自己的担忧中，却错过了在这次晚宴上寻找其他乐趣的机会。

与这位女性的做法相对的做法是什么？怀着一种接受那些不想要的、不愉快的、令人担忧的想法的态度，带着它们去另一个地方或参加另一场活动。用你的担忧作诗或写歌，有助于你培养接受的态度。

用"是的，而且……"来回答

"是的，而且……"的意思是，无论你的搭档对你说些什么，你都要想办法表示同意，并且添加另一个元素来使当前的对话能够继续下去。例如，你的搭档对你说："我很担心，我不知道猫跑到哪儿去了！"那么，否认她刚才说的话，对对话的继续是没有帮助的。在这段对话中，类似这样的回答可能毫无帮助："什么？你根本就没有养猫，好吧！"如果用"是的，而且……"来回答，你就会这么回答："是的，而且猫粮也不见了。我想猫一直在打瞌睡！"

你可以用"是的，而且……"来回应你自己的"如果……怎么办"的担忧想法。对于克里斯脑海中频频出现的想法："如果老板对我的评价很差，怎么办？"他就可以这样回答："是的，而且一旦我失业了，老板可能会对我的妻子下手，把她从我身边抢走！"这是一种轻松对待的方法，让我们不至于陷入与焦虑想法的争论之中。

这是一种高端的练习方法，通过轻松对待，帮你摆脱与焦虑的争论。

与担忧约个会

每天安排两次10分钟的约会。选择一个你可以拥有私人空间的时间，不被任何人打扰，包括宠物和孩子，并且关掉你的手机。如果可能的话，选择一个有镜子的地方。有时候，在车上是个不错的选择。几年前，患者们都犹豫不决，不情愿在自己的车里这么做，担心可能被别人看到自己在自言自语。但现在，人们即使看到了，也会以为你在跟别人打电话。

当约定的时间到来时，对着镜子大声讲出你的担忧。尽你所能在这10分钟里一直说出自己的担忧，使之成为纯粹的、完全的担忧时光。在这10分钟里，你不研究它，也不去解决问题，更不安慰自己，只说出自己的一个又一个的有关"如果……怎么办"的想法。当然，准备个计时器是很有帮助的。

这听起来一点都不好玩，确实如此。潜在的好处是这样的：很明显，我们不可能简单地告诉自己："不要再想着或担心这件事情了。"然后，就像孙悟空使了个定身法一样，就把焦虑搞定。如果这种方法有效，你就不会阅读本书了，你会忙着尽情享受朋友和家人向你建议的无忧无虑的生活，因为他们也曾告诉你："别担心！"但这种方法对大多数人来说并不奏效。

大多数经常与担忧约会的人们确实会发现他们的情况极大地好转了，他们这么做，不是在停止担忧，而是在推迟担忧。当他们发现自己不是在约定的时间担忧时，他们会这样选择：要么现在就为这个话题担心10分钟，要么推迟到下一次安排好的约会时间。这就帮助很多人获得了很多自由时间，而之前，他们在一天中经常被中断。这并不是一个完美的解决方案，但它也足够好了。

本章小结

慢性焦虑症是一种违反直觉的体验，没有什么比侵入性的担忧想法更加违反直觉了。人们通常对允许和接受这些焦虑的想法倍感紧张。有些人甚至担心，哪怕只是想到它们，不好的事情就会发生。然而，用轻松对待和做游戏这些反直觉的方法来对待这些想法，而不是与其对抗和争论，也许是应对担忧最好的方式之一。

在下一章中，我们将看到当人们试图分散注意力和停止思考，以便从担忧的想法中解脱时，会发生什么。我们会了解到一种替代方法，一种与分心和停止思考相对的反应。

第7章

观察，别分心

　　你可能现在也在疑惑：如果我在焦虑的时候分散自己的注意力，会怎样？如果我能让自己不去想那些令人担忧的话题，转而去想一些愉快的事情，又会怎样？

　　答案是：没什么用。试图抑制或消除焦虑的想法通常只会使情况变得更糟而不是更好。当你面对焦虑症状时，你越是抗拒，它越是顽强。

所以，我要提出一些与直觉反应相反的建议：你应该在焦虑的时候做些笔记，我会给你两本日记，来帮你做记录。

但首先，你应了解这么做的原因。

┃分心能够怎样管用，以及怎样不管用

当外界的事情使得你从焦虑的想法和感觉中分心时，通常能减轻你的焦虑。一个正在经历恐慌症发作的人，如果突如其来地接到一位久违的朋友打来的电话，他就会停止恐慌，因为他的注意力会转向谈话带来的惊喜和乐趣。

然而，刻意让自己从焦虑的想法和感受中转移注意力并没有多大帮助。自然地被一件事情分散注意力与强行改变自己头脑中的话题存在天壤之别。第一种方法非常有效，因为我们的大脑会十分自然地将注意力转移到意想不到的事情上。大脑的做法就是这样：它会把我们的注意力转向新发生的和意料之外的事情。第二种方法的效果却是乏善可陈的，当我们告诉自己不要去想某件事情时，我们也在提醒自己这件事情的存在，虽然我们不愿想到它。这更像是和自己争

吵，而不是分心。

关于这个话题的临床研究表明，当我们试图摆脱某个想法时，这个想法往往会反复出现。传统的实验方法是花1~2分钟时间不去想北极熊。如果你愿意，现在先用一分钟试一下。如果你得到了大多数人都会得到的结果，你的脑海中很快就会出现一群北极熊在水里漫游的画面。

然而，你想要从焦虑症状中转移注意力的事实可以有效地提醒你这个问题的本质。如果你跃跃欲试地想把注意力从某个问题上移开，它会告诉你什么？

我的患者常常用下面这样的答案回答我：

这很危险。

这是一个我无法解决的、压得我喘不过气来的问题。

这令人羞愧或者尴尬。

让我们假设你在一家银行排队，忽然之间枪声大作，原来你遭遇了一场银行抢劫案。你有多大可能拿出你的支票簿，开始结算账目，以便你从枪声中分散注意力？

不太可能，对吧？当我们跃跃欲试地想要从某个问题上转移注意力时，它会告诉我们，现在并没有到关键时刻，我们目前并没有面临清晰的、迫在眉睫的危险。正因为如此，我们转移了注意力也没问题。如果我看到一辆失控的公交车正朝我冲过来，不可能唱一首欢快的歌来分散自己的注意力。我得赶紧跑到安全的地方去！当你感受到自己有着强烈的转移注意力的需求时，这可以有力地提醒你，你并没有面临清晰的、迫在眉睫的危险。如果你真的处在危险之中，你只会极力地保护自己，哪有空去分散自己的注意力？

如果你能忽略你的"如果……怎么办"的想法，那该多好。但事实上，当我们试图忽视和转移自己的注意力时，往往事与愿违。我们怎么知道我们是否成功地分散了注意力呢？必须通过检查我们的想法，看看它们是否包含了我们想要禁止出现的东西——现在，我们一块来思考这个问题吧。

停止思考和其他问题

传统的停止思考的方法是，当你产生了不需要的想法时，给手腕套上一根橡皮筋，用力来弹自己，同时对自己说："停下来！"这个方法基本上就是这个意思：通过伤害你自己来告诉自己不要再想刚才想到的那些东西。这与所有关于抑制思考的研究结果完全背道而驰，这些研究告诉我们，抑制思考的主要作用反而是促进反弹。你的压制措施反而会让其去而复返。当患者问我是否认为停止思考是个好主意时，我总是说同样的话："停止思考吗？想都别想！"

竭尽全力停止思考就像禁止书籍一样，反而会将你的注意力拉回到想要禁止的事物上。这还表明，就像禁书一样，你的想法可能是危险的。但实际上，想法并不危险。你可以去想象危险行为，但只有行动才会导致危险。

也许你参加过一些认知行为疗法（Cognitive Behavioral Therapy，CBT），或者读过一些基于认知行为疗法的自助书籍，可能已经了解了认知重组。认知重组是这样一种方法：你可以用来注意你的恐惧想法中的某些错误，然后纠正它们，最终带着更少的焦虑感去继续你的工作，因为你已经纠正了"你想法中的错误"。

作为一名心理学家，我一直在使用认知行为疗法。我发现，在认知行为疗法中，最有帮助的是行为这个部分，它可以帮助人们改变他们的行为——改变他们所做的事情，这在帮助人们克服慢性焦虑症方面非常有效。我发现，认知重组对患有慢性焦虑症的患者通常没有多大帮助，尤其是当他们被许多忧心忡忡的想法纠缠时。

我认为，这是因为这种担忧不符合我们的逻辑和证据规则。它的产生不是基于什么是有可能的，甚至是有较大可能的，它是基于什么是可怕的和恐怖的。试图用理性思维来识别和纠正这种思维中的错误，就像与一个没有逻辑或证据、只有观点的人争论一样，只会让彼此吵翻了天。

在我看来，用认知重组来治疗慢性的"如果……怎么办"的担忧想法，与停止思考的方法有异曲同工之妙，实在是于事无补。它对于"如果……怎么办"的担忧想法通常是没有帮助的，因为没有一个现实的问题需要解决，只有焦虑情绪需要克服。我的许多患者都表达过他们的挫败感，甚至担心他们在某种程度上是存在缺陷的，因为他们并没有从认知重组中看到多少疗效。更有可能的是，由于认知重组不太适合治疗慢性焦虑症，所以才让他们"竹篮打水"。

分散注意力、认知重组和停止思考都是在对抗和控制你的焦虑。与其相反的做法是，你只需要观察自己的想法并把它们写下来就行了。你可能认为，你已经对这些想法做了太多的观察，现在只想完全停止这些想法。假如这些"药物"能在没有任何副作用的情况下使用，那就太好了。但是，抑制这些想法的经验表明，即使这种做法能给你带来好的结果，也是十分罕见的，那么，也许是时候尝试一些截然不同的方法了。观察可能是对担忧反直觉的反应，但这能帮助你放下担忧，而不是加深担忧。

▏焦虑日记

想要做好一位观察者，最好的方法之一就是当你正在经历某事的时候，用笔记录下来，就像记者做的那样。我说的不是不限形式的日记，相反，我建议你在体验到焦虑的时候，完成一份类似调查问卷一样的日记。我有两份这样的日记。《恐慌日记》针对的是包括许多身体症状的恐慌症发作时的情形以及对恐慌的反应。《担忧日记》是为那些主要由令人担忧的

"如果……怎么办"的想法引起的焦虑症发作而写的。

我建议你在恐慌症发作，或者产生了"如果……怎么办"的想法时填写这些表格。

你可能觉得这个想法听起来不受欢迎，其实和你一样的人还有很多！通常，我的患者一开始也总是不太喜欢这个主意。他们不想停留在恐慌症发作或者产生恐惧症的剧场中，他们不希望产生这些想法，更不情愿把它们写下来，他们怀疑自己以后是不是能读懂自己在心神不定、惊慌失措的情况下写的东西，他们还担心，在超市或教堂做这样的笔记时，会感到难为情。

然而，当人们真正开始写《恐慌日记》时，你能猜出他对恐慌症发作经常采取的反应是什么吗？这与他们的预期完全相反！当他们填写这样的调查问卷时，恐慌反而开始消退。它通常只会让恐慌减弱而不是增强。《担忧日记》也是如此。

我让患者解释这个意想不到的结果时，他们常说，这是由于写日记分散了他们的注意力。但在这里，他们也被"骗"了。当你不断地提到这件事情，无论是让你恐慌、担忧还是害怕的事情，这是一种怎样的分心？什么样的分心要求你找出那些让你害怕的东西的更多细节？这些日记之所以能够起作用，有多种原因，但唯独不是它们分散了你的注意力。

看一看与你相关的日记——若是你产生了很多让你感到害怕的身体症状，那就看《恐慌日记》；若是你产生了很多"如果……怎么办"的想法，那就看《担忧日记》。

《担忧日记》会以下面这些方式引导你的注意力：

- 它会让你通过记录时间来提醒自己，当你可能已经忘记的时候，你的担忧就会结束。

- 它要求你评估你目前担忧的强度。

- 它指导你用表达担忧的句子来把它列出来，这有助于你注意到"如果……怎么办"的担忧想法是怎样使你深陷其中的。

- 它会指导你如何将两步测试应用到你的担忧上。

- 它要求你确定是什么引发了当前的担忧。

- 它可以帮助你将焦虑分解成不同的症状。

- 它提醒你注意（或许是调整）你的呼吸以及你

上半身肌肉的动作。

- 它有助于你辨别和评估你担忧的想法中包含的可怕预测。

- 它有助于评估你对潜在行为的选择，提醒你什么是当下最有可能有益的反应形式。

《恐慌日志》将以这种方式引导你的注意力：

- 它要求你记录恐慌持续的时间，提醒你恐慌总会结束。

- 它要求你评估恐慌症发作的强度。

- 它要求你对恐慌症的症状进行分类。

- 它要求你注意不同的情况，并记下对应的恐慌类型。

- 它要求你写下在恐慌之前你正在做什么和想什么。

- 它要求你写下害怕恐慌会对你造成的影响。

- 它要求你写下你的呼吸状况。

- 它要求你写下你能做些什么来使自己的症状得到缓解。

- 它要求你写下你是否使用任何安全行为。

- 它要求你写下恐慌症的发作是怎样结束的。

- 它要求你写下你害怕的结果是什么。

- 它要求你写下你对下一次恐慌症发作的想法。

想办法将这些日记融入你的日常生活。可能其中一份日记会比另一份日记与你的生活更加息息相关，那么，重点关注这一份。放几份在你的钱包、公文包、手套箱、背包里或者任何你可能感到焦虑的地方，以便你可以随时取用。

如果你习惯随身携带一瓶赞安诺，那就把日记折得很小，然后装进药瓶里！这有助于提醒你在服用赞安诺前考虑写日记。如果你更喜欢数字化的工作，那就将日记存储在你的数字设备上，然后在那上面使用。

▍实时观察

我建议你在焦虑症发作期间完成日记。有些日记条目会提醒你，在高度焦虑的时刻，你本可以做出一些有益的反应，而如果你等到事后再使用日记，那就无法从这些提醒中受益了。和事后再写日记相比，你在焦虑发作高峰期记下的日记条目将会使你更了解自己的焦虑状态。

当我们与患者一起回顾他们的日记时，他们经常说，他们不记得曾写下的这些观察结果！高度焦虑症通常会以某种方式扰乱记忆，使得回忆那些经历变得困难重重。当你在关键时刻写下日记时，它会给你一个更好的机会，让你去注意焦虑症的一些十分难以察觉、却会导致你害怕的"骗术"，这样的话，你就更容易在将来的类似体验中游刃有余地有效应对了。

把你的日记保存起来以备以后回顾。时不时地回顾一下，看看你的反应是否有变化，这将对你很有帮助。

你可能会面临一些情况，当在杂货店、教堂和餐馆这些公共场合时，填写日记表格似乎很不可取，甚至有点危险，人们有时候会犹豫是否要填写这些表格，因为他们害怕引起别人的注意。一般来讲，这更多的是自我感觉的结果，而不会真的有陌生人前来关注并询问你在写什么。你永远不知道是否有人想知道你在写什么，但是，很少有陌生人会如此大胆地去询问！如果真的有人如此冒昧，你可以说，你在给自己写便条。你可以装在一个夹纸板上，使其看起来并不奇怪，让你更放心地填写日记表格。

另外，在开车的时候写日记是个馊主意！但是，观察你在开车时经历的恐惧，是对你有好处的。你或许可以使用声控录音机或者手机上的录音应用程序来记录你的答案。如果你有一个可以信任的支持人员，就可以让他在你开车的时候问你问题并记录下你的回答。

定期使用日记很可能让你对焦虑体验的态度发生显著的转变。当你像我建议的那样使用日记时，它将帮助你担当起一个观察者的角色——面对焦虑症状，成为一个完全接纳焦虑和顺其自然的记录者的角色。

▎观察者VS受害者的姿态

面对担忧、恐慌和焦虑，人们往往表现出两种基本的姿态。一种是受害者的姿态，你本能地做出反应，就像一个受到威胁，需要立即进行防卫的人。在这种姿态下，人们会被激发着从焦虑的想法和症状中转移开注意力，但是，这种反应往往使焦虑更加持久。

另一种是观察者的姿态，在这种姿态下，你不会去对抗焦虑情绪、自我保护、分散注意力，甚至没有任何强烈的判断，你只是仔细记录下引起你注意的所有症状和情况。你在尽你所能地观察你的想法，而不去评价或回应它们的内容。这就是克莱尔·威克斯所说的"顺着往下游漂浮"：观察你的想法，不去做出任何反应，让时间悄悄流逝。

你越是扮演受害者的角色，就越不可能观察到任何情况，因为你沉溺在自己的想法中苦苦挣扎。这就是为什么人们很难描述自己第一次恐慌症发作的情况。他们感到如此强烈的恐惧感和深深的受迫害感，以至于无法用任何方式来观察这些事件，事后也无法回忆及描述，反之亦然。你越是处于观察者的角色，就越不容易受到伤害，也就越不容易与自己的症状苦苦争斗。这就让成为观察者的角色变得大有好处。

建立症状清单

当你面对一个令人害怕的物品或者身处某一令人害怕的情境时，这是可以帮你尝试练习运用观察者角色的另一种方法。这种方法对处于被动地位的恐惧症患者特别有效，比如车上的乘客或候诊室里的病人。

创建一个包含你所有可能出现的症状的清单，这些症状可能是你遭遇到的让你害怕的事物或情境，无论是狗、高处、人群，还是其他什么。将你列出的症状分门别类地归入以下四种类型的焦虑症状中：

> 身体的感觉

> 害怕的想法

> 强烈的负面情绪

> 害怕的行为

这需要你花足够多的时间来思考，这样你就可以对你害怕的情境之中可能出现的每一种症状进行全面的调查。撒开一张大网，将那些不太可能出现的和确定会出现的症状全部囊括其中。一旦你对你可能体验的所有症状列出了一个完整的清单，将其逐一归类到四种症状类型中并且在你去进行接触练习时，随身带着它。在接触练习期间，每次出现症状时，你就在方框中做一个标记，通过这样简单地记录，就能了解你体验到的每种症状的频率。

是什么让这一切变得有效？你只是观察和计算症

状出现的次数，而不是试图分散自己的注意力。简
单的计数是帮助你更深入地扮演观察者角色的绝妙
方法。

本章小结

分散注意力非但不是一种有益的方法，反
而是在维持和加剧焦虑问题，无助于缓解它们。
想方设法更充分地扮演观察者的角色，将有助于
你做到对自己的焦虑症状心中有数，以及对它们
采取更超然豁达的态度。完成焦虑日记和症状清
单是帮助你扮演观察者角色的好方法。

在下一章中，我们看看依赖支持人员的影
响，并考虑除此之外的其他选择。

第8章

让你的支持人员走开

与焦虑症做斗争的人通常依赖支持人员（也被称为安全人员）来帮助他们应对他们害怕的情境、活动和物品。在有支持人员在场的情境中，他们通常会更多地参与生活中的各种活动，如旅行、在拥挤的商店购物、与他人互动，等等，而不是只参与他们认为自己能够参与的活动。遗憾的是，这种参与活动的方式代价很高。因为它"欺骗"了你，让你相信你不可能也无法独自适应这些情境，随着时间的推移，只会让你感到自己更无能，更需要依赖支持人员。

与依靠支持人员相对的是独自做事。这个想法对于已经严重依赖支持人员的人们来说，简直毛骨悚然。不过要明白的是，你原本就不必在没做任何计划的情况下就立即独自做事，你可以采取适合自己的节奏逐步实施。但是，让你的支持人员离开，有助于你克服过于依赖他人的弱点，从而重新获得独立自主的能力。

▎这个"骗术"是如何起作用的：对大型商店的恐惧

辛西娅害怕在拥挤的大型商店里购物。她经常想：如果我在那里感到恐慌，怎么办？她对此感到非常担心。对于这个问题，她从来没有找到满意的答案。当她排在一个缓慢移动的队伍中，或者进入了一个布局混乱、没有明显出口的商店，并竭力保持镇静的时候，她就担心那些可怕的事情会发生在她身上。她意识到自己的恐惧是被夸大的和不现实的，但这并不能帮她减轻开始进入恐慌状态时的恐惧感。第一次恐慌症发作后，她自然而然想到的解决办法是在这些地方购物时，一定要有人陪伴。类似于通常解决焦虑问题那样，她确实找到了一个解决办法，但这实际上造成了另一个问题：焦虑和恐慌在"欺骗"她，让她依赖别人的存在和安慰，但这种方法反而导致她的焦虑症进一步恶化而不是好转。她无法成为一个冷静的、干练的人，反而变得更加依赖别人。

目前，辛西娅去超市买东西时，主要依靠丈夫哈尔作为她的支持人员。一开始，只要丈夫陪伴她，出现在商店，她就感觉足够了。但随着时间的推移，她发现她越来越需要丈夫陪伴在左右才可以。只要他稍事离开，她就会把手机放在手边，准备一旦恐慌症发作，就立即给他发短信。

在辛西娅感觉"好"的日子里，她有时同意丈夫哈尔在车里等着，只要她在需要"帮助"的时候能够给他打电话就可以了。她过去偶尔也自己开车去商店，只要能在进店时用手机和丈夫聊着天就行。但有一次，哈尔的手机没电了。从那以后，辛西娅就再也不自己开车去商店了。

实际上，哈尔没有做任何事情来保护辛西娅的

安全，因为她没有遇到任何实际的危险。她只是非常
害怕恐慌症发作，所以，他就是陪她一起逛街而已。
当辛西娅感到焦虑时，她告诉哈尔自己害怕，需要离
开。他通常会鼓励她留下来，并完成购物，但如果她
变得越来越焦虑，他就会同意离开，然后陪她去收银
台。有时她会感到非常害怕，就让哈尔留下来付款，
她则快步走出商店。

这是好事还是坏事？这取决于你如何看待这个问
题。如果问题仅仅是购物，那么你可能认为这是一件
好事，因为哈尔的存在让辛西娅最终顺利完成购物。
当然，也可以让哈尔自行购物或者使用商店的送货服
务。辛西娅并不是特别想采用这些方法，因为当她无
法购物时，她感觉自己很糟糕，她更希望能够克服这
些恐惧。

但真正的问题并不是购物，而是战胜这些恐惧。
那么哈尔作为支持人员的角色，是有助于还是有害于
克服这些恐惧？是有害的！有哈尔陪着时，购物的确
能顺利完成，但由于辛西娅对哈尔存在的依赖，造成
她对商店的恐惧反而强化了，并长期持续下去。每一
次她在哈尔的陪伴下购物，都让她更加坚信，如果没

有哈尔，她不可能独自购物；如果她独自尝试，可怕的事情就会发生。随着时间的推移，这些信念导致她变得更加恐惧和依赖，而没有减少依赖。"万一发生了什么事，而丈夫又不在身边呢？"她担心，她甚至有过这样的想法：如果哈尔比我先离开人世，我该怎么办？

我们在第1章里介绍过的埃莉诺有一种可怕的恐惧症状，她害怕自己晚上开车时会晕厥。不过，10多年来，她一直上夜班，每周工作3个晚上，而且总是开车去工作，她从来没有晕厥过。每次开车去上班的时候，她丈夫都会开车跟在她后面，她把自己的安全归功于丈夫的存在。只要她能从后视镜里看到他，她就会放心，觉得一切都会好起来，她也能继续工作。但这是一个多么可怕的代价啊，她仍然相信，如果丈夫的车爆胎了，或者出了什么机械故障，她随时可能晕厥。

以下是一些支持人员为你提供帮助的常用方法：

- 在任务进行的过程中一直陪在你身边，或者离你很近。

- 向你保证一切都会好起来，鼓励你不要害怕。

- 用闲聊和交谈分散你的注意力。

- 代表你向店员或其他在场的人求助,请他们出手干预。

- 替你做决定。

- 即使你没有提出要求,支持人员也会持续提供支持,比如给你按摩后背,给你水喝,提醒你可以随时离开,等等。

- 在你感觉最脆弱的时候替你开车。

如果你依赖支持人员,这可能使你参与一些你原本会逃避的活动,甚至可能使你感到不那么焦虑了。但是,这种做法是否能帮助你重拾自信,让你相信你可以独自参加这些活动呢?这才是最重要的。

花点时间仔细考虑一下你与支持人员打交道的经历。在你的笔记本上简要描述一下你和支持人员一同做某事的经历,并且包含以下信息:

- 谁是你主要的支持人员?是不是还有别人?

- 辨别你的支持人员帮助你应对的活动、情境、物品,诸如此类。

- 描述你的支持人员在帮助你恢复平静时做了

125

什么。

- 描述你在依靠支持人员的时候，你的害怕、焦虑以及担忧等情绪是如何发展和演变的。

- 你对支持人员的依赖是怎样影响你对自由、自信和独立的感觉的？

- 你对支持人员的依赖对你与他人关系的质量是否产生了影响？

- 如果产生了影响，是积极的还是消极的？

- 你对支持人员的依赖有没有给你带来一些好处，类似于那种让你享受的舒适感和便利性？

- 为了促进你的康复，你愿意放弃这些额外的好处吗？

如果你的评估表明你对支持人员的依赖产生了一些长期的坏处，那么，逐步减少对他们的依赖也许会对你大有好处。我知道这听起来很可怕，但是，这将帮助你发现你可以独立地管好自己的事，并重新获得你的自我效能和独立自主的感觉。这正是我与我的恐惧症患者合作以求共同前进的方向，他们希望从此重获自由，来去自如，而不是被自己的恐惧所束缚，寸步难行。

你不必一次就把所有的焦虑和担忧放下。你恢复的速度有多快，远不如你是否朝着正确的方向前进那么重要。只要你朝着正确的方向前进——面对每天林林总总的日常事务，有能力独立自主，能够充满自信地处理这些事务——你就可以期待，有朝一日，你终将会康复。

重要的是，心怀恐惧感的人们要带头反思并改变他们对自己的支持人员的依赖。因为如果支持人员试图强制改变你焦虑的状态或制造任何意外的话，反而会弄巧成拙，对你毫无帮助。如果你是一位支持人员，正在手捧着本书阅读，并且想要尝试为你的朋友做一些积极的事情，那就开始一场关于这方面的对话，并且邀请你的朋友来阅读本书，不要自己一手操纵局面。心怀恐惧感的人们必须自行掌控局面。

有些人会同时做所有对他们有益的事情，例如，立即"解雇"他们的支持人员，并且在没有帮助的情况下进入他们害怕的场景之中。如果你愿意并且有能力这样做，也是可以的。另一些人则先采取一些小小的措施，这样更容易做到。你可以自行判断你的节奏是快点好还是慢点好。尝试先迈出1~2小步，看看效果如何，然后决定是否要加快步伐。

下面这些方法可以帮助你将脱离支持人员的依赖的过程分解成更小的步骤，从而让你的依赖消弭于无形：

- 与你的支持人员聊一聊，识别出支持人员帮助你时常用的方法，以及你们彼此形成的默契规则，然后逐渐减少支持人员帮助你的次数。

- 减少支持人员和你在一起的时间。如果他们经常陪你逛商店，你可以让他们在你进入商店几分钟后、在你离开商店几分钟前，或者在购物过程中走出商店几分钟，并逐渐延长这些间隔的时间。

- 减少你们之间口头和肢体语言的交流。当你们走在过道上时，如果你习惯了支持人员陪在你左右，那么，也许你们其中一个人可以换个方向从另一端进入过道，各自朝着相反的方向走。这样的话，你们只能在过道的中间擦肩而过。在下一个过道也这样做。

- 通过制订周密的计划一步一个脚印地逐步开始让你的支持人员从你的日常活动中"消失"。找出支持人员陪伴你参与的各种活动和出入的各种场合，并将它们按照使你感到焦虑的程度从高到低排序。接下来，你就可以从最不容易引发焦虑的活动或场合开始，锻炼自己远离你的支持人员。随着时间的推移，你就按照计划，逐步向上"闯关"。

- 如果你发现你的支持人员的作用随着时间的推移变得越来越大，那就可以通过把这个过程反转过来，从而来缩小他们的作用。首先回顾一下这些年来支持人员是如何帮助你的。可能第一次仅仅是出于偶然，你忽然意识到，和这个人在一起，能给你带来安慰，也有可能最初只不过有一两个诱发因素，但随着时间的推移，这个人对你的帮助逐渐增加，久而久之你越发意识到这几乎变成了一种刻意的行为。你可以追溯这种（依赖支持人员的）行为是如何发展和演变的，然后逆向而行，从相反的方向来缩小支持人员的作用。

- 拉开你和支持人员之间的距离，首先在商店或其他地方，让他逐渐离你越来越远，逐步地用电话联系取代他本人出现，并且逐渐减少这种接触。最后一步可能是定期把手机完全留在家里。在下一章中我们将检验这么做的效果如何。

你不必一次做完所有的事情，以图"毕其功于一役"。你要找到办法将任务分解成更小的步骤。例如，如果你的支持人员习惯于提供大量的口头保证，那就想办法减少他向你提供口头保证的次数。你可以设定一个时间限制，比如说，在你要求对方口头保证之后，他至少要等5分钟后再做，你还可以要求支持人员根本不做口头保证。或者，你可以和他达成一个协议，如果你想要一些口头上的保证，就必须明确地提出要求。如果你的支持人员一次又一次地对你说一些重复的话语，就让他把它们写在一些小卡片上，以后就在你面前把卡片一闪而过，而不是大声重复这个保证。逐步减少你对支持人员的依赖的最后一步可能是，当你出门的时候，让他们待在家里，而你只带着他们的照片！

当你尝试减少对支持人员的依赖时，可能会遇到什么障碍？人们经历的主要障碍也许是他们在减少这种依赖时，起初会感到不那么舒服，并且感到更加害怕。当人们在这样做的时候，他们经常在脑海中听到这个问题：我为什么要这么做？我更害怕了！

这种暂时的恐惧感增强正是你这么做的原因。如果你依赖支持人员，或者依赖任何其他抗焦虑技巧，你就会产生被保护的感觉，觉得自己暂时地远离了恐惧，但这不是真正的安全，这会让你更加焦虑，因为你会担心你的保护措施是否总是有效。

请记住，在你采取这些措施时，你只是减少了你从支持人员那里得到的安慰，却不会增加任何危险，因为焦虑症并不会带来任何危险。这就是为什么主动接触令你焦虑的物品，主动参与令你恐慌的活动，主动进入令你担忧的情境，是治疗焦虑症、恐慌症的有效方法。我们并不是去自投罗网！

当你计划减少对支持人员的依赖时，应该怎么处理你体会到的不舒服的感觉呢？你必须清楚一开始你必然会感到越来越焦虑，并打算好接受它、应对它。你变得小心翼翼，希望不会再感到焦虑！对大多数人来说，希望不再感到焦虑，只是标志着他们增添了另一番忧愁。

你可以使用第4章中介绍的AWARE步骤作为指引：

> 接受

> 观察

> 行动

> 重复

> 结束

埃莉诺担心夜间开车时会晕厥，就对丈夫纠缠不休，以寻求慰藉。这种做法已成为她婚姻的梦魇，并造成了破坏性的影响。于是，她向我寻求帮助。当她夜间开车出去时，她和丈夫的焦点越来越关注在是否有必要让他时时刻刻在后方跟随。这已影响到彼此的关系，让他们无法快乐起来，他们都想找到一剂良药。

显而易见，如果让埃莉诺去尝试练习在夜间独自开车出去，而不让丈夫在后面跟随，在一段时间内，她必然会发现自己焦虑倍增，却不会晕厥。不过，这一步对她来说跨度太大了。如果她能简单地让丈夫待在家里，独自开车去任何地方，她就根本不需要寻求任何帮助！因此，她同意让丈夫逐渐增加两车之间的距离，每次只增加一点点，看看这会有什么影响。当然，这么一来，她有时会感觉更加紧张，但她同样从来没有晕厥过。等到她成功地让丈夫在更远的后方跟随，我们决定把她的治疗当作一个研究项目来对待。这个研究项目旨在确定她丈夫可以投射这种抗晕厥能力的最大范围。令人惊讶的是，我们发现，她丈夫根本不需要跟车，而是可以在家里舒适和方便地做自己的事！

你也可以通过这样做来逐步减少对支持人员的依赖，减少支持人员的出现以及给你的保证，直到你能够独自处理你的事务为止。

随着你变得更加独立，你和这个人的关系可能会有所改进。这将帮助你思考你想要这段关系走向何方，也会让你认识到它对你的价值所在。已婚夫妇常常发现，随着一方越来越多地扮演支持人员的角色，他们的关系也越来越受到了伤害。这也有利于他们来共同探讨两人关系的变化，并且花些心思去恢复曾经的乐趣和亲密关系，而这原本是他们婚姻的一部分，却被焦虑给鸠占鹊巢了。这也适用于其他人际关系。你决定"解雇"你的支持人员，并不意味着他们不能成为你生活中必不可少的一部分。事实上，这将让你的生活更加多姿多彩，因为如果你们彼此的关系又重新建立在两个独立个体的基础之上，你们就更能够享受彼此的陪伴，而不是把它变成安慰。

本章小结

大多数人从依赖别人的支持中获得了一时的好处，但随着时间的推移，这让他们保持并强化了焦虑症状。如果你去仔细观察，会发现你对支持人员的依赖已经变成你的生活方式，同时也会发现他是如何发挥作用的。考虑一下你从中得到的好处，它可能让你感到舒适和方便，同时也想一想你付出的代价，可能是让你束手束脚，不再自由，也可能是更大的恐慌与逃避。如果你看到减少对支持人员的依赖的好处，就可以采用适合你自己的节奏，一步一步地开始行动。

在下一章，我们将研究一个与对支持人员的依赖密切相关的"骗术"，即对支持物品的依赖。

第 9 章

把支持物品留在家中

支持物品是人们随身携带的物品，是人们冒险离开"安全地带"后，想通过它们尽量把随时而来的焦虑感降到最低的物品。支持物品的功能与支持人员的功能非常类似，不同之处是，你不会从支持物品那里得到任何反馈。常见的支持物品包括药物、安慰动物、水瓶、手机、孙辈的照片、零食、和被认为能带来"好运"的任何物品，例如，书籍，等等。

对支持物品的依赖通常会带来短期的好处，但长期来看，这是弊大于利的。当人们随身携带着支持物品时，通常会减轻焦虑，能够参与更多的日常活动。这是短期的好处。然而，人们经常觉得自己受到了这些物品的"保护"，这意味着一旦没有了它们，他们会感觉整个人都不好了，这就是长期的坏处。对支持物品的依赖往往会让你感觉，自己无法独立应对生活的挑战。它会长期维持和强化你的焦虑感，却不会带来丝毫的缓解。

大多数人体验到的长期的坏处通常远远超过他们依靠支持物品暂时减少焦虑感的好处。但是，支持物品能够在短期内使焦虑感立即减少，因此这往往会"欺骗"他们。当你面对支持物品可能带来的立即的、短暂的减少焦虑感的诱惑时，破釜沉舟，选择没有长期坏处的选项会让你的明天会更好。这意味着对你的支持物品说再见。

在紧急情况下，一些支持物品或许是有用的，可以用来对抗和转移焦虑感。例如，手机可以用来拨打911急救电话，但我从来没有遇到过真正需要这样做的患者。人们常常将手机用于转移注意力和寻求安慰。

那些担心自己吞咽能力不行或害怕脱水的人们知道，若是自己身边有一瓶水，就会感到安慰，但他们通常并不需要通过喝水来保证安全。水只不过是让他们放下心来，觉得自己是安全的。其他的支持物品，比如幸运衫和孙辈的照片，除了作为情感安慰和让自己安心，显然不具备任何其他功能。

乍一看，支持物品似乎不是什么大问题。如果你能减少焦虑，带上一瓶水或者一本喜欢的自助图书来完成更多的日常工作，能有什么害处呢？也许你的朋友和家人也常鼓励你使用支持物品，甚至心理健康专家也建议或支持你使用支持物品。

然而，事实真相是，支持物品"欺骗"了你，而且它们本身也是问题的一部分，而不是解决方案的一部分。

支持物品破坏了你的自信

支持物品提示你，只有在该物品的帮助下，你才能有效应对令你恐惧的情境和活动。但如果你信了，你就中招了。你会相信这个东西能让你留下来——尽管你害怕恐慌症发作，但仍然留在了拥挤的超市或剧院之中，或者尽管你脑中充满了害怕自己患上可怕的疾病的想法，但仍继续待在医生的候诊室——因为你把一部分功劳归结于这个支持物品而不是你自己，所以你不会将全部的功劳记在你自己做的事情上。对支持物品的依赖会让你相信这个物品以某种方式"拯救"了你。随着时间的推移，它会削弱你对自己的信心，它还会使你产生额外的担忧：*如果我丢掉了、忘记了或弄坏了我的支持物品，怎么办？那就有大麻烦了！*

对支持物品的依赖也会导致人们竭尽所能地确保他们身边有这样的物体。如果你相信挡在你和极度恐慌之间的只有一瓶水，那么，一瓶水真的就够了吗？也许你会想到在车的后备厢里存放一箱子水！如此一来，人们变得越来越依赖他们的支持物品，会对其是否能够近在咫尺感到更加焦虑和担忧，觉得自己力不从心，内心也越来越不堪一击。

▍关于支持物品的说明

药物。有些人使用药物（通常是苯二氮卓类药物，如赞安诺和氯硝西泮）来作为一种支持物品而不是处方药。这些人无论走到哪里都带着它们，但通常并不需要服用。只要摸一摸口袋里的瓶子，他们就会感到安心和慰藉。这就是这些药物的好处——你只要碰一下药瓶，焦虑症就能得到缓解！

如果你曾经服用过赞安诺或氯硝西泮，并且发现你在服用它们之前，就感觉好多了，也获得了相同的安慰剂效果。仅仅因为知道药丸在你身边，就得到安慰，甚至它都没有进入你的体内并发挥药效。

手机。患有各种焦虑症的人们经常把手机当作基本必需品。他们出门不带手机，就像他们出门不穿衣服一样，是毫无可能的。他们使用手机的各项功能来避免使自己陷入焦虑，包括与支持人员联系，好让自己感到安心；用照片、聊天、音乐和播客来分散注意力；使用GPS来避免任何意想不到的交通拥堵。这些功能本身没有任何问题，但如果你认为它们以某种方式保护或拯救了你，那就有问题了。如果你这么想，就会越来越依赖手机，自己独自生活的能力也会变得越来越弱。这意味着你的焦虑症会恶化而不是好转。

你可能发现，如果让你哪天出门不要带上手机，就会令你变得一点都不开心，而且会让你感到不自然。你需要一个很好的理由来做这件事。也许克服担忧和恐惧就是一个很好的理由。你不必停止使用手机，但是，如果你依赖手机来帮助你缓解焦虑，你就可能发现，在不使用手机的情况下让自己勇敢地体验一下焦虑和担忧的感觉，是有好处的。

运气。与你的实际需要没有太大联系的支持物品也包括"幸运物品"，比如衣服、兔脚或者幸运币，以及任何可以作为"幸运物品"使用的东西。这基本上是一种迷信行为。多年来，我遇到过很多患者，他们记得自己第一次恐慌症发作时穿着的衣服，并且决定此生再也不穿那套衣服。

大多数人都能理解这些支持物品并不能真的保护他们，但是，他们会用"这又没什么害处！"这种说辞来对这样的做法进行合理化。然而，它们确实有害。说它有害是因为它让你相信你可能被一件"幸运"的毛衣或其他东西保护着。这种想法强化了这样一种信念：你不够坚强、独立、勇敢或聪明，无法独自应对生活。它还会让你以为你实际上正处于危险之中，而你仅仅是感觉不舒服而已。

安慰动物。安慰动物或情感支持动物指的是在你需要帮助时，能成为友谊和情感安慰的源泉的动物，但由于它们没有接受过任何专门的训练，往往不会为你做任何事情。相比之下，服务性动物接受过专门训练，当主人需要帮助时，它们会为主人提供帮助。

在家里养宠物可以给人很好的陪伴，成为快乐的来源，也有助于减轻焦虑。但是，当人们不得不依靠他们的动物才能出行（比如登机、上课或去餐馆吃饭）时，问题就出现了。随着时间的推移，当他们认为只有依靠安慰动物的存在才能够应对外面的世界时，他们可能会感到更加脆弱和无助，越来越无法在不感到焦虑的情况下独自冒险。带着安慰动物一起登上飞机或火车的人们，仍然做着乘客需要做的一切。但是，他们并没有把所有的功劳都归于他们自己！相反，他们把所有功劳都归于那些安慰动物。安慰动物的存在"欺骗"了他们，这是带着它们一同旅行最大的问题。

和安慰动物一同旅行相反的做法是不带它们旅行，对大多数人来说，这可能是有价值的主动接触练习的一部分。

在你看来，将支持物品留在家里似乎不是个好主意。你也许预料到（很可能是对的），如果你把它们留在家里，你就会产生一些关于"坏运气"的焦虑想法，而且你可能会担心这些焦虑的想法会成为大问题。患者们曾这样告诉我："如果哪天我出门的时候没有带上手机、水瓶、赞安诺和家人的照片，结果那天恰好就是我最需要它们的时候，这难道不是我的坏运气吗？"我那些害怕飞行的患者则常说："如果当我们坠机时，飞机上还有一群惊恐的乘客，这不是很讽刺吗？"

这样的想法经常吓到我的患者。这到底发生了什么？当你试图通过随身携带的支持物品来防止这些焦虑的想法出现时，就像你被敲诈了一样。遗憾的是，当你向敲诈者支付赎金时，也许只是意味着他们会在不久的将来再次回来，再敲诈你一笔。通过携带支持物品来保护自己免受焦虑和担忧，会使你感觉自己更脆弱。你不可能通过支付赎金来摆脱困境，也不可能通过使用支持物品来抵御焦虑，进而摆脱困境。

一开始，当你的身边没有支持物品时，去主动接触令你焦虑的事情或者进入令你恐慌的情境，你可能会感觉更加焦虑。这没关系，这就是主动接触练习的关键——练习去体验焦虑。练习去体验恐惧，而不是避免或阻止它们，才有助于你认识到，你原本可以在没有水瓶、幸运毛衣、或其他支持物品的情况下应对这些可怕的想法、情绪、感觉和行为。

▍准备开始

开始减少对支持物品的依赖的一个好方法是在笔记本上列出所有支持物品的清单。列出每件物品和你认为它能给你带来的好处。下表是我的患者的清单中的一些条目。

物品	直接好处
手机	用使你分心的电话、紧急帮助、游戏和照片来分散注意力
水瓶	保证喉咙正常工作，并应对脱水的恐惧
爱人的照片	使我微笑并感到少了几分焦虑
赞安诺	保护我不受恐慌的困扰
幸运衫	保护我不受崩溃、心脏病发作，或者"不知所措"的困扰，以及不会受到其他乘客的压制
安慰动物	使我从恐慌症发作或其他类型的强烈焦虑症发作中分心

先在笔记本列个初步的草稿，然后，在接下来的几天里，你可能会想起更多的支持物品，那么就

拿出来修订几次。可能一开始你无法察觉出来全部支持物品的使用，因为它们已经变成了你不易察觉的习惯。

一旦你拥有了这个相当完整的支持物品清单，那就可以思考你对每件物品的依赖是如何影响你的，包括当前获得的安慰和丧失的长期自由。例如，有些人总是随身携带一瓶水，就能得到立即的安慰。它减轻了他们对吞咽困难（可能是吞服他们的赞安诺！）、脱水、口渴和其他事情的担心。天热时喝下一杯凉水，使他们感觉很好，他们必然会得到一些即时的和短暂的安慰。

但他们也付出了代价，因为他们将自己的安全归功于水瓶的存在。如果我的生命和理智都依赖于一瓶水的存在，那我又能感觉有多么安全呢？万一那瓶水洒掉了或被喝完了怎么办？我越是依赖那瓶水，就越容易感到脆弱，也就越有可能限制自己出行和参与各种活动。

从主动接触中吸取的教训

你大概可以猜到，当我的患者在练习主动接触那些令他们恐慌的东西，或者主动进入他们感到害怕的情境时，通常不会死亡、发疯、晕厥、烧毁社区、导致可怕的车祸，或者经历其他他们害怕的任何灾难。他们为此受到鼓舞，但这还不足以使他们从恐慌症中恢复过来。

他们还需要一个很好的解释，来说明为什么他们在乘坐飞机、在高速公路上开车、停止对抗消极想法、使用煤气做早餐及许多其他主动接触练习中，那些令人恐惧的灾难并没有发生。当我的患者在进行这些练习时，我总是一遍又一遍地问他们这样一个问题：*这些灾难并没有发生，你到底将其归功于什么？*

如果你对你害怕的物品、情境和活动进行主动接触练习时，随身携带了支持物品，就很可能将自己的成功归功于这些支持物品（或支持人员）的出现。只要你现在觉得被这些东西保护和安抚了，将来就会继续感到脆弱和危险。这就是为什么对于成年人来说，通常放弃那些支持物品如此重要。

给家长们的一个小提示。如果你阅读本书是因为你想帮助你家患有焦虑症的孩子，那么你要意识到，孩子的情况会有所不同。作为成长和发育过程中的一部分，年幼的孩子会自然地依赖安全毯、父母、其他人和其他物品。他们有更多的时间和机会来摆脱对支持物品的自然依赖，因此，你可以对使用过渡物品的孩子更加宽容，循序渐进地帮助他们。但是对于成人来说，作为从焦虑症中恢复过来的一部分，他们可能需要学会对支持物品放手。

如果显而易见，支持物品并没有给你带来任何益处，那么，放弃它们可能是易如反掌的事。但是，你肯定从它们那里"受益匪浅"，而你就是这样被它们"欺骗"的。

如果你因为把手机带在身边，方便随时使用，就可以在短时间内小心翼翼地到超市一游，却没让恐慌症发作，那么你显然是受益了，因为你没有惊慌失措。但是，你获得的不过是片刻的欢愉，需要为此付出代价，在短暂的舒适感消失之后，它会在很长一段时间内限制你，带来的其实是长期的坏处。

长期的坏处是，由于你感觉受到了手机的"保护"，反而使你在未来感到更不安全、更加焦虑。尽管你在商店里度过的那些时刻让你从恐慌中得到了些许解脱，但现在，你预感到，将来再去商店还会产生焦虑，一门心思都放在被保护的需求上，你会更加确信你无法独自应对。这就像你从高利贷者那里借钱一样，虽然你今天就能得到你想要的现金，但将来要支付高得离谱的利息，而万一还不上贷款，可能还会遭到恶棍的骚扰。

这很可能就是你的焦虑问题随着时间的推移而日益严重的原因。这个过程通常包含一系列的小步骤，在每一个步骤中，你的焦虑都获得了短暂的缓解，但它让你在未来的日子困难重重，总是感到弱不禁风，惊惶不安。通常情况下，在恐惧症真正限制他们的自由之前，人们甚至没有意识到他们是怎样达成这样不幸的交易的？他们竟然牺牲掉自己长期的自由和独立，就为了去换取片刻的欢愉。

每次你面对支持物品做出的决定——是把它随身携带，还是把它留在家里——通常都是在你没有意识到问题的情况下，做出一个关于是满足眼前一时的解脱，还是考虑长期的发展和独立的选择。这样的选择就类似于当我们在减肥时，却被厨房里传来的巧克力饼干的阵阵香味所吸引一样。饼干吃起来让人回味无穷，但是，你要付出长期的代价：你吃甜食的习惯又被强化了。

你很容易禁不起诱惑，总是告诉自己说："我只吃一小口。"

当你必须做出是否要继续依赖支持物品的抉择时，有一个决策规则可以用来帮助你坚定克服焦虑的决心。它是这么回事：只选择那些对你克服焦虑症没有长期坏处的选择。你要接受它当下带来的坏处，尽管它让你感觉不舒服，但不会让你以后失去自由。当你又跃跃欲试，想要穿上那件幸运毛衣，带着幸运币去机场，或者在购物时随身携带水瓶时，把这个决策规则运用起来，我相信你会发现，它真的有助于促进你从焦虑症中康复过来。

本章小结

支持物品会诱惑你，让你想要从焦虑和担忧中得到立即的、片刻的安慰。然而，仔细观察之后你会发现，在其美丽的外表下，隐藏着的是长期的损失和缺陷，等你忘记片刻的欢愉后，它们就会来纠缠你，久久不去。定睛细看它们美丽的外表！你要把目标锁定在不会给你带来长期的坏处的正确的抉择上，不让那缠人的焦虑和担忧持续不断。

在下一章中，我们将看到保密和羞耻感是如何共同维持和强化担忧与焦虑感的。

第**10**章

真相会让你重获自由

保密与羞耻感携手并行，它们共同强化和保持你的焦虑和担忧，让你烦不胜烦。人们越是对自己的麻烦感到羞愧，就越有可能被"骗"着去隐藏这种感觉，不让别人知道。反过来也一样，人们越是对自己的烦恼秘而不宣，就会越发感到羞愧。真是祸不单行！一个强化另一个，让你的焦虑缓解变得难上加难。

保密的对立面是诚实，心理学家通常称之为"自我表露"。那些长期与焦虑和担忧做斗争的人们常常感到非常羞愧，以至于自我表露的想法对他们来说是不可能的。你也许也是这样认为的吧？那么，在你决定是否表露你的焦虑和担忧前，先读一读本章内容可能是有用的。这是一本自助书，你可以自主选择使用哪些内容，不使用哪些内容。你不必做出任何事先的承诺，自由地去做出选择吧！

▎逃避是诱饵

许多人被内心的想法所"欺骗"，试图隐瞒他们的焦虑问题。他们觉得，如果向别人隐藏自己的烦恼，就会减少许多尴尬。在短时间内，这或许是对的。如果你把自己的烦恼告诉另一个人会让你感到尴尬，那么通过将你的焦虑作为秘密深埋在心底来避免这种尴尬，就会让你获得立即的好处。这就是保密的主要效果——避免你立即陷入尴尬。因为太多的焦虑症患者将其烦恼藏在了秘密里，所以成千上万的人认为他们真的是唯一一个存在这些问题的人。

你可能知道，药物有预期效果（你希望得到的好结果），也有副作用（你不想要的令人不愉快的额外问题），保密也是一样。为了避免立即的尴尬，人们通常把他们的焦虑和担忧作为秘密深埋在内心，他们得到了保密的主要效果，也喜欢这样。但是，将烦恼藏起来也有很多副作用，甚至会带来更多的弊端。如果没有注意到它们，你就很容易被"骗"，相信保守这些秘密能帮助你，而实际上，它可能会给你带来更多麻烦。

让我们考虑一下保守秘密的一些负面影响。

总是想象最糟糕的情况

在所有的焦虑症中，人们对自己在焦虑症发作时会发生些什么的预测几乎总是比他们实际的经历糟糕得多。恐慌症患者害怕死亡和失去控制，但当恐慌症真的发作时，他们既不会死亡，也不会失控。只是通常会变得害怕不已，然后渐渐平静下来。患有社交焦虑症的人害怕被别人羞辱和嘲笑，当社交焦虑症真的发作时，尽管他们会感到尴尬，生活还是会依旧继续下去。患有强迫症的人也许觉得，由于他们没有仔细检查煤气，家里肯定会着火，进而殃及整个小区，但他们下班回家时，很少看到消防车。

同样地，当人们发现你的焦虑和担忧时，通常会做出一些反应，而你对他们的反应的预期可能比实际情况糟糕得多。你也许会认为你的朋友和家人会反目相向并对你严苛以待，而事实上，他们可能比你想象的更富有同情心，更加大度地接受你。实际上，他们也许也遇到过一些和你类似的麻烦！当你不让你的亲人和朋友知道你内心的恐惧时，他们往往和你一样，把对你的关心同样默默地放在心底，这样一来，和向他们倾诉你的困难相比，你反而感到，将自己的恐惧放在心里，好像招来了亲人和朋友更多的批评和拒绝。你没有得到你想要的支持，而是默默地忍受着自我批评。你也许会消极地猜测，如果你向亲人和朋友分享你的秘密，他们会说什么，但这些仍然只是你的想法，不是他们的想法。

有时候，一个人的自我表露确实会招来负面的回应，但这种情况并不常见。即使在这种情况下，生活也仍会继续。你不要指望自己能够取悦生活中的每一个人，也没有必要去做这样的尝试。

感觉像个"骗子"

我遇到过一些极具才华、极富创造力和极其聪明的人，他们长期饱受焦虑和担忧的折磨。他们在人生中取得的诸多成就足以让所有人为此感到骄傲。但是，他们常常忽略了自己的成就。他们不会为自己成功感到骄傲，因为他们相信："如果人们知道我焦虑和担忧这个丑陋的秘密，就不会对我产生如此深刻的印象了。"他们感觉自己就像是个"骗子"并持续不断地认为自己是"骗子"，主要是因为他们把自己的烦恼藏在了心底，他们持续不断地在心中与羞愧和自责缠斗，而不是将其公开示人，以便更容易地接受，并且放下这种羞愧感。

日益增强的担忧

当你试图用谎言和借口来掩盖信息时，你的故事就很难一直讲下去了。如果你在不同的时间给不同的人讲述不同的借口，那么，当你试图和你过去用过的借口来保持一致时，这会让你显得左支右绌。而这通常使得焦虑日益加深，因为你必须保持足够的警惕，不能让你的故事前后矛盾，也不能十分频繁地对同一个人使用相同的借口。让虚假的解释天衣无缝简直是难如登天，也更容易引发焦虑。简单明了地说出真相，反而会让你重获自由。

日益增强的社交孤立

如果你的焦虑让你很难在餐馆和朋友见面或者去他家参加派对，而你又想保守秘密，那么你就必须编造出一些借口来解释你为什么不去。如果你只是这么做一次，也许还能神不知鬼不觉。但是，那些努力不让朋友知道自己患有焦虑症的人往往会陷入一种为自己拒绝社交邀请寻找借口的固定模式，而朋友们终将会发现这个模式。为了想尽办法隐藏自己的焦虑，焦虑症患者会找出各种各样的借口，经常扯出一些让人难以置信的理由，比如今年自己的祖母已经去世三次了！一次次地被拒之门外，却又得不到让人心服口服的理由后，朋友们往往会得出这样的结论：你就是不想花时间和他们在一起，接下来，你们友谊的小船可能就翻了。

对症状适得其反的影响

你越是抗拒，它越是顽强。人们越是想隐藏他们的焦虑症，就越有可能遇到更多的麻烦。人们往往会体验到他们不希望出现的症状，而他们竭力隐藏自己的烦恼的做法反而会增加症状的频率和严重性。

社交焦虑症患者会比恐慌症或广泛性焦虑症患者出现更多可观察到的症状，比如出汗、脸红、颤抖、声音沙哑。你认为是什么原因让社交焦虑症患者有这么多明显的症状呢？他们明明是那么不喜欢这些症状，躲都来不及呀！这就是焦虑症的一个特征：你不想要什么，什么就来找你。如果你想方设法保守秘密，它们就会遍地开花！

自我表露：我为什么要这么做？

自我表露通常是向特定的对象透露你的焦虑问题的某些方面，而不是向所有人透露你的秘密。大多数人不喜欢自我表露的做法，也许你也不例外。"这不关他们的事！"我的患者经常这样告诉我，"他们没有权利（或者必要）知道！"

这完全正确。自我表露并不是因为其他人有权利或有必要了解你的情况，这的确不关他们的事。真正的原因是这关你的事，通过自我表露，你才能过上更好的生活。自我表露是为了你自己，不是为了别人。

主动向你信任的朋友或爱人倾诉你的焦虑问题，是一个很难做出的决定。我总是问患者，"谁知道你的这个问题？"却发现他们总是把这些秘密深深地埋在心底，这往往让我感到震惊。即使是处于长期婚姻关系中的人们，也常常对他们的伴侣隐瞒许多让他们倍感焦虑的事情，他们的伴侣也许只知道个大概。

有时，当有患者谈到他曾把自己的焦虑问题分享给某人时，我学会了闭上嘴巴，耐心等待他们细细道来。每次，我的患者几乎总会这样说："你知道吗？这很搞笑——我在那个人面前从不惊慌！"

一位女患者曾经打电话告诉我，说她在别人面前紧张时会双手发抖。她对自己的双手发抖感到无地自容，她成年后一直保守着这个秘密，当周围有人的时候，她总是避免任何需要用手进行的活动，包括吃饭、写作、打电话，等等。结果，她许许多多的恐惧情绪限制了她的生活。

第一次进行自我表露练习时，她正好要开支票给我。通常，她会找个借口，躲到别人看不到的地方去开，但这一次，她同意当着我的面开。结果，她在开支票的过程中，双手并没有颤抖。她解释说，之所以她的手没有颤抖，是因为她手头有25张空白支票，她确信总有1张她能毫无差错地写好。

我问她是否愿意做一个实验，她同意了。我要求她把她刚刚开出的那张支票撕掉，把剩下的24张空白支票中的23张也撕掉。尽管她感到很意外，但还是同意了。我们一起撕掉了支票，现在她只剩下1张了，我让她去尝试用清晰的字迹来开具。她开具了这张仅剩的支票，手没有任何颤抖，字迹也非常清晰。

我请她解释，为什么当她只有一张空白支票可用时，她开支票的时候手也没有抖。她说，这次她的手之所以没有抖，是因为我已经知道了她有手抖的问题，她没有什么值得对我隐瞒的。

因此，焦虑的"诡计"就完完整整地呈现在我们眼前。

- 她为自己双手颤抖的焦虑症状感到羞愧。

- 她想尽办法将其隐藏起来。

- 她越是隐瞒，就越焦虑。

- 她越是焦虑，手就抖得越厉害。

- 当面对知情人时，她的手却不抖了。

自我表露的力量非常强大，如果你决定这样做，它就可以帮助你解决焦虑和担忧带来的麻烦。

你不需要去假设自我表露会帮助你，也不需要盲目地服从这个建议。不如来打开心门，对自我表露可能带来的好处进行一个"成本效益分析"。方法如下：

1. 在你的生活中，找出一个时时刻刻将你的最大利益放在心上的人，和其他人相比，他总是全力支持你。在他面前，你也曾使用借口和谎言来掩饰内心的焦虑。

2. 想一想，当你对这个人隐瞒自己的焦虑时，从中获得了什么好处？不过就是你不用暴露自己的麻烦事，不必尝尽尴尬，也不用考虑对方可能出现的反应。在笔记本上回答以下问题：

- 过去，当你做了或者透露了一些让你觉得尴尬、丢脸或消极的事情时，这个人有什么反应？他做出的最糟糕的反应是什么？这对你有什么影响？影响了多长时间？

- 如果你向这个人透露出你的一些焦虑问题，并解释它是怎么影响你们的关系的（例如，导致你避免与他共同参加某些活动），那么，你认为这个人可能做得最糟糕的事情是什么？

- 对你的自我表露，这个人会有什么好的反应吗？

3. 再看看上述焦虑的五个"诡计"。你是否能找出过去经历过这些负面影响的证据？如果有，假如你可以通过自我表露来消除这些负面影响，你的生活和与他人的友谊将会得到怎样的改善？

4. 在你的生命中，你经历过最尴尬的事情是什么？你是如何处理的？感到如此尴尬的最终结果是什么？

多花点时间来回答上面的问题，只有如此，当面对这个值得信赖的朋友时，你才能对透露自己的焦虑和烦恼所可能产生的所有"成本"和"收益"形成一个新的认知。这就为很多人提供了一个很好的机会，让他们意识到，他们之所以把焦虑藏在心底，是出于恐惧和偏见，他们只看到了其中消极的一面，却忽视了积极的一面。花点时间进行这样的"成本效益分析"，也许有助于你克服这个问题。

如果你对其进行了深入思考，完成了你的分析，你就会心甘情愿地去尝试对这个人进行自我表露，这里有一些实施建议。

1. 告诉你的朋友，你有一些事情想和他讨论，希望两人在近期约一个时间，来一块聚一聚。你的朋友可能会感到好奇，所以，你要让他们知道，你不是想要借钱或者抱怨他们的行为，只是有些心事要和他们谈谈。

2. 要知道，随着时间的临近，你可能会感到紧张。不要试图说服自己去摆脱这种紧张感，或与自己争论不休。如果觉得有必要，可以翻到第6章，使用其中处理预期焦虑的一些技巧来克服。

3. 时机一到，就开门见山地说吧。如果你的朋友知道你的关于焦虑的一些情况，告诉他你就是为此而来。如果他对你的焦虑一无所知，就向他解释，你事先并不知道他是否意识到了，今天你就想和他谈谈让你烦不胜烦的焦虑。

4. 如果你想让你的朋友为今天的谈话保密，那就向他提出不可告诉他人这个要求。

5. 用举例的方式来向你的朋友描述有时你是怎样经历焦虑，从而导致限制了自己的活动的。告诉他，你千方百计地想要解决这个问题，不想让大家觉得你不想和他在一起，因为你对这份友谊视若珍宝。而且，如果你愿意的话，你可以告诉他，当再次被焦虑绑住手脚时，你希望能够更坦诚地脱口而出，而不是去寻找借口。

6. 你朋友可能会问："我能帮什么忙？"那么就告诉他，当焦虑困扰你的时候，你可以坦诚相告，你希望他会理解你，明白你有时候拒绝他的邀请其实与你们之间的友谊无关，只是由于你被焦虑缠身。这就是你需要的最大的帮助。

对于人们来说，要打破可能已保守多年的秘密并主动向值得信赖的朋友透露，并不是一个轻松的决定。那就不要心急！先进行我上面描述的"成本效益分析"，看看你能否发现自我表露也能够带来一些好处。我接触过的患者通常都对自我表露产生很大的恐惧和抵触，但我每次都发现，当他们这么做了，总是能够收获好的结果。

本章小结

当人们为自己的焦虑和担忧感到羞愧时，往往试图掩盖问题。他们越是尽力掩盖问题，就越感到羞愧。想想将你内心的焦虑向关心你的人们保密，让你付出的代价以及给你带来的收益会让你发现，打破这个秘密并进行自我表露，才是有益之举。

在下一章中，我们将会看到，当人们被苦苦"欺骗"，并想要控制担忧和焦虑时，他们如何才能以不同的方式来获得更好的结果。

第11章

控制行动，顺从感觉

当你在慢性焦虑症中苦苦煎熬时，可能全部的注意力都放在了自己的感受上。这可以理解，因为你迫切地想要感觉更好。

焦虑会诱使你根据自己的感受来判断你一天或一周的情况。如果你感觉良好，你会认为这一天过得很好；如果你感到焦虑，你会认为这一天过得糟糕透顶。更糟糕的是，焦虑将诱使你试图控制自己的感受，而这通常很难有好的结果。

我们无法控制自己的感受，我们唯一能控制的就是我们的行为。通过控制行为和专注于你做的事情而不是你的感受，你可能感觉更好。

如果你曾经去眼科医生那里检查过你的视力，也许就会有过这样的经历：眼科医生先让你透过一组镜片观看视力表，接下来，在她切换不同镜片时，她会问你："这里更好点……还是这里更好点？"

我也要问你一个类似的问题。我想让你回忆一下某个你害怕的情境，也许你在一架飞机上，也许你在教堂或工作场所演讲，也许在有一群陌生人参加的聚会上，也许本想在一个拥挤的餐厅或剧院里放松。

首先，我想让你回忆起这样的时刻：当时所处的情境引起了你的焦虑，让你把注意力全部集中在自己的感受上。你一门心思都放在了"内在因素"上，包括：你的情绪感受，你内心的想法，你的呼吸，胃的感觉，以及此时脑海中闪过的画面和想法。

然后，我想让你回忆另一次面对同样的情境时焦虑的情境，这次，你更加专注于周围现实环境中的

165

一些活动，或者参与到这些活动中。此时，你把自己的心思投注在自身之外的事情上，与现实世界中的物品、人和活动进行周旋。

哪一种情境让你感觉更好些？你更喜欢哪一种情境？这里（当你积极地与周围的人和物互动时）更好……还是这里（当你的注意力集中在内心感受时）更好？

对于大多数人来说，当他们活在当下，用自己的手、脚和声音与身边的人和物品接触，能够把全部精力都投入身边的环境时，要比把心思包裹在内心深处时感觉更好一些。尽管这并不总是板上钉钉的事情，但大多数情况下，更有可能是这样。

当我们挖空心思想要去改变和对抗我们内心的感觉、情绪和想法时，反而更有可能感到焦虑和不安。当我们专心致志地去参与各种活动，并积极与我们周围的世界互动时，我们很少感到焦虑和不舒服。

当你心乱如麻，全副心思都放在自己内在的感受上时，你通常不是在解决问题或制订计划，而是像扫描仪一样，持续不断地在内心寻找问题，循环往复地反刍"如果……怎么办？"的想法，对未来感到忧心忡忡，并拼命想要停止焦虑。这就像桌上摆好了美味的晚餐，都是按照你的口味准备的，就等着你来享用，并与家人畅谈。然而，你却躲进了阁楼，忙着重新摆放家具，整理箱子里的破烂货，而这些东西你可能永远都不会用到。你早已习惯了重新摆放家具，它会让你继续待在阁楼里，甚至注意不到自己错过了什么。

▎专注于你做的事情

我们的行为方式会在情绪上和身体上对我们的感受产生极大的影响。

假如我习惯逃避某事，日积月累，我对某事可能就会感到更加害怕。如果我化逃避为行动，就会感觉更好。因为行动会决定感觉。

但我们总是很盲目，倾向于把自己的心思专注于我们当下的想法和感受，希望能够以某种方式把它们直接控制住，结果，我们所做的种种努力却让我们的感觉雪上加霜，而不是锦上添花。

一些新的患者经常告诉我，他们想要获得自信，这也是他们来找我的原因。他们怀揣着这样的想法："首先，我必须感到自信，然后才能做那些让我感到害怕的事情。"他们认为，他们得首先对飞行、驾驶、公共演讲或者任何他们害怕的事情变得自信，然后才能走近它们。就好像他们是来找我买一罐现成的自信似的。然而，我却没有一罐罐的自信去卖给他们。正是他们这样的想法——只有先让自己感到自信，才能面对那些令人害怕的活动，恰恰成为情境化焦虑以及随之而来的恐惧症持续不断的主要因素。

人们只有通过采取行动，去做那些他们不太熟悉或不擅长的事情，才能逐步获得自信。回想一下你是怎样对骑自行车充满自信的。第一次骑的时候，由于几乎没有技巧，你肯定是颤颤巍巍、笨手笨脚的，因为你在做你完全不熟悉的事情。假以时日，你的骑车水平开始提高了，不再那么笨手笨脚，最终，你骑车的技术变得非常熟练，你就会感觉非常棒。过程中，你把注意力都放在了握把、调整速度、观察前方状况上，而不是只关注内心的感受。孩子们学骑自行车时，就是以这种方式来获得自信的。

刚开始，你的技巧肯定是拙劣的，内心也十分紧张。慢慢地，尽管左支右绌，但时间和努力会让你逐渐建立自信。行动决定感觉。如果你等到自己觉得有信心了才去学骑自行车，可能永远也学不会。对于一个胆战心惊，不敢登上飞机的飞行员来说，阻碍他们的就是这样的想法：他们必须先消除恐惧，然后才能飞行。其实不然，人们在害怕的时候也是可以开飞机的。这就是惶恐不安的飞行员获得信心和消除恐惧的方法：与恐惧"共处"，而不是对抗。

鱼与熊掌可以兼得——你可以同时拥有自信和自由自在的生活，在这种生活中，你可以海阔凭鱼跃，天高任鸟飞，做任何你想做的事，去任何你想去的地方。但这是有先后顺序的：首先，去从事那些你害怕的事情，然后你才会感到自信。自信不是买来的，它是由你的行为自然地创造出来的。

人们只有在变得自信后，才能从事让他们惴惴不安的活动，这是一个极大的误解，它害得人们走错了路，用错了方法，只能任由恐惧和害怕绵绵不绝。害怕在聚会上闲聊的社交焦虑症患者，害怕昆虫、鸟或蛇的人们，害怕在高速公路上开车的人——他们都被困住了，因为他们希望在恐惧消除后，再去面对他们害怕的东西。但是，没有深入"虎穴"，与恐惧的事情共存，谈何得到"虎子"，奢望去消除这种恐惧，只会让恐惧依然我行我素！

行动决定感觉。专注地去做事，不要被你内心的感觉或想法扰乱心神。你可能已经发现了，相对法则会告诉你：首先去做那些你害怕的事情，然后你就变得不那么害怕了，而且变得更加自信。放开自己，去体验恐惧吧，这是你获得自信的必由之路。"深入虎穴，方得虎子。"

▎控制的问题

在害怕情绪和恐惧症中苦苦煎熬的人们通常在控制的问题上麻烦缠身。

我的意思可能不像你曾经听到的版本那样。你可能曾经与朋友、家人或者其他人讨论过焦虑带给你的困难，他们可能会告诉你，你有一些"控制问题"，因为当你们一起行动时，你总在某些细节上坚持己见。例如，当你们一同旅行时，开谁的车、谁来开车、选哪种类型的道路、是早到还是晚到，去哪里吃饭、坐在剧院或餐厅的哪些座位上，诸如此类。

确实，焦虑的人经常会关注这些问题，想按"他们自己的方式"做事。然而，这并不是因为他们专横，或者想要控制别人。事实与之截然不同。

内心充满担忧和恐惧的人们经常试图控制超出他们掌控范围的事情。他们企图控制外在的事件和局面，以期这样能给他们带来内心的安宁。这里有一个例子。

害怕飞行者往往企图控制环境中一些超出他们控制范围的事情。以下是一些害怕飞行者试图降低自己恐惧程度的方法：

- 在搭乘飞机之前的几天和几周里观看气象频道。

- 在登机口和飞机上留意恐怖分子。

- 在飞机飞行途中观察发动机、机翼及其他各种零部件。

- 试着在飞行前比平常更加健康——睡得更好，休息更好，并且更加强营养和锻炼。

- 试着在飞行前做个"更好的人"——更愉快、更合作、更遵纪守法、更体贴他人——希望宇宙和神能够认可他的改进行为，并以更轻松、更安全的飞行来奖赏他们。

- 挑剔航班的细节——哪家航空公司，一天中的什么时间，一周中的什么日子，等等——以提高旅行安全和舒适的概率。

- 等到最后一刻才登机，以便减少内心恐惧感的持续时间。

- 在可能的情况下仔细观察飞行员，当飞行员看起来十分快乐、健康、适应能力强、休息良好、训练有素时，就会令他感到满意。我认识的一些患者甚至要求看飞行员孩子的照片，他们认为，这是证明飞行员精神抖擞的证据！

- 做一些迷信的行为，比如穿幸运衫。

如果你有某种特定的担忧或恐惧症——如飞行、聚会、公开演讲、开车、动物，等等。你通常会采取哪些习惯性的措施，以应对你会遭遇到的这些令你恐惧的事情？在笔记本上列出一个清单吧。

遗憾的是，这些努力通常不会如他们所愿，给他们带来更多的安慰。结果他们越是努力控制，他们的感觉越是每况愈下，体验到更多的焦虑，因为他们偏离了他们本应扮演的角色，这就是我想要强调的。

我们几乎每天都要扮演不同的角色。我发现自己每一天都在扮演着以下角色：

> 父亲或丈夫（我在家里的时候）

> 医生（我和患者在一起的时候）

> 患者（我去看医生的时候）

> 客户（我在购物的时候）

> 旅客（我在乘火车回家的时候）

> 司机（我开车去商店的时候）

> 老师（我发表演讲的时候）

> 学生（我聆听演讲的时候）

每个不同的角色都有各自的行事准则、责任和控制系统。开车时，我的工作就是尽可能地确保车子安全行驶。我通过特定的行为来做到这一点：监测周围的交通情况，保持安全的速度，使用车灯、反光镜和转向灯系统来保障安全，选择合适的行车路线。我可以控制所有的事情，司机的角色本身就需要具备控制这些事情的能力。

当我坐火车时，则扮演了截然不同的角色。我可能没有指定的座位，可以坐在我选择的任何地方；没有人指望我能让火车更安全，因为这不是乘客的职责；我不需要监测列车的速度，也不需要关心操作人员做下的任何决策，不仅因为这不是我的职责，还因为我没有接受过专业的训练，不具备任何这方面的专业技能，很难对列车员的决策做出正确的判断。

如果我仅仅是一名乘客，却要越权干涉司机的工作，这可能会让我感到更加焦虑，焦虑感丝毫不会减轻，因为我会一心一意地猜测司机的行为，并试图改变他的行为。我成了典型的"后座司机"。这不会让我和司机感到舒服，因为当我并没有控制权，却要试图控制汽车时，我其实是在抗拒接受身为乘客的角色。

人们患有恐惧症，是因为他们不能接受他们该扮演的特定角色。

如果你想乘坐商业航班，你的角色就是乘客。航空公司会告诉你什么时候登机、坐在哪个位子、什么时候可以使用卫生间、什么时候可以喝饮料、可以在哪间卫生间后面排队，以及何时可以走下飞机。在商业航班上，乘客需要做什么？你不需要做任何事情，只需坐在那里，直到他们告诉你，你已经到达了目的地，是时候下飞机了。你就像一件会呼吸的行李！

害怕飞行者们会抗拒这一点，并且企图使自己感觉"控制"了某样东西。然而，这往往让他们感到更加焦虑和不安，因为他们没有接受过专业的训练来辨别恐怖分子、发现引擎出了问题，或者监测危险的天气，这也不是他们的职责。他们努力去控制那些他们无法控制的事情，往往使他们感到更焦虑，而焦虑感不会有丝毫减轻。

这本不是乘客的职责，害怕飞行者却要试图越过其角色去施加控制，一切的努力皆化为枉然，只会让他们感觉糟糕透顶。我们看到害怕公开演讲的人们也有类似的问题，只是具体的表现会有所不同。

公众演讲者的角色拥有各种各样的权利。观众和赞助商将以下权利委托给演讲者：

- 主持会议。

- 确定演讲材料的框架，并安排先后顺序。

- 提议休息和提问。

- 运用各种方法来吸引观众的兴趣，包括肢体语

175

言丰富准确，声调抑扬顿挫，语言疾徐有度，调动听众情绪。

- 观察观众，判断他们的兴趣和理解水平。

- 向观众提问，安排互动。

- 以各种方式组织会议。

观众乐意洗耳恭听，让演讲者畅所欲言。典型的演讲恐惧者却不想要任何的权利！他们宁愿打电话、发备忘录，甚至在那里埋头大声朗读，也不愿意与观众进行眼神交流或互动。从这里我们可以看到，他们面临的问题与害怕飞行者面临的完全相反。演讲恐惧者被授予了各种各样的权利，但他们唯恐避之不及，认为这样做会让自己更紧张。

因此，演讲恐惧者通常会避免与观众进行目光接触。但接下来，他的焦虑症状不但丝毫没有减轻，反而变得更加严重，因为他被自己脑中的想法囚禁了，而这却不是因为与观众互动造成的。慌里慌张的演讲者常常在演讲过程中匆匆忙忙，几乎没有给自己足够的时间来停下来喘口气，因为他以为观众会要求他能快点讲，而且语言要流畅，这使得他更加紧张，经常导致气喘吁吁。而我们说话是空气通过我们的声带发生振动而产生的，喘起气来就说明发生了问题！胆怯的演讲者会照着稿子念，却不抬头注视着观众说话。他也会尽量保持冷静和镇定，竭力控制自己的焦虑感。他视公众演讲的目的为考验他避免显得焦虑的能力，而不是给观众提供他们所需要的信息。

当你面对一个令人害怕的情境、活动或物品时，给你造成麻烦的往往是你对分配给自己的角色的抗拒，以及对这些角色赋予你的控制程度的抗拒。你越是接受分配给你的角色——乘客、演讲者或者其他任何角色——并根据它赋予你的控制程度采取相应的行动，就越会感到平静。

这就是你在令自己害怕的情境中的自助方法。看看在这种情况下，自己扮演的角色所拥有和没有的控制方式都有哪些。去控制你权限范围内的事情，不要企图去控制你不能控制的。如果是这样的话，害怕飞行者会通过放弃那些试图使飞行更安全的行动而变得更加舒服，因为那些行动并不在他的能力或职责范围内。演讲恐惧者会通过引导观众的注意力，并且给他们提供想要的信息，而变得更加自在，而不是试图控制或隐藏他的焦虑感。

通过更加充分地接受你的角色所带来的职责，恰到好处地去行事，情境化焦虑就会减少。以下这些方法可以帮助你。

评估那些常常让你感到焦虑的场景，确定在那些场景下，你可以做什么，以及你不可以控制什么。拿出你的笔记本，列出让你害怕的场景清单，可能是一次乘飞机旅行，一次演讲，也可能是在派对上的一次闲聊，以及在这种情境下你该做什么、不该控制什么。

在列清单时考虑这些问题。我是否能控制：

- 我产生的想法？

- 我身体的感觉？

- 我感受到的情绪？

- 我说些什么？

- 其他人说些什么？

- 我的胳膊、腿、手、脚和声音？

- 其他人做些什么？

控制你能控制的，允许自己接受你不能控制的。这就是我们每个人在生活中能做的一切。

所以，如果你要对着一群人发表演讲，你虽然无法控制他们的反应，但是你可以控制你展示演讲材料的方式和你的行为。你演讲的时候，就是在给这群人送一份礼物。有些人可能非常喜欢，有些人则不然。这都不是你能决定的。

当你再次面对那些容易引发你的焦虑和担忧反应的情境、线索和触发因素时，再一次提醒自己记得眼科医生的问题：现在，哪里是集中注意力和精力的好地方？这里（专注于我与周围世界的互动）更好还是这里（专注于我所有的身体症状和感觉）更好？

本章小结

因为我们对自己的想法和感受极为敏感，所以自然倾向于通过我们的想法和感受来评价自己的生活，并且试图控制它。这通常让我们感到不舒服。面对新的具有挑战性的事情和情境时，我们往往希望先树立自信，然后再采取行动。而在现实中，信心源自持续的行动。自信和内心的安宁总是会来的，但人们总是误以为，首先要有自信，然后才能采取行动，殊不知自信往往姗姗来迟。我们真正能控制的是我们能做什么，这才是需要我们倾注心血，尽力而为的所在。

在下一章，我们将了解人们在进行主动接触练习时是如何被"欺骗"的。

第12章

感受恐惧，让它过去

在本章中，我们将考虑在慢性焦虑症康复过程中最违反直觉的一个方面，这也是最常使焦虑症患者感到困惑和并被误导的方面。遗憾的是，甚至许多专业的心理治疗师都无法理解这一点，其他在治疗过程中扮演重要角色的心理治疗师，虽然他们不是心理健康专家，也普遍误解了这一点。但它对于主动接触练习的成功至关重要。

当你进行主动接触练习时，不要试图摆脱你的恐惧感，甚至不要冷静下来。在这个练习中，当你被"诱骗"着去对抗、逃避，或者试图摆脱你的恐惧时，就使你从练习中获得的好处化为乌有，使问题变得更糟。

相反，就让自己去感受害怕，允许自己去体验那些可怕的想法、情绪和身体的感受，而不要试图摆脱它们，或者让自己分心。练习，一步一步地练习，亲临那些让你感到恐慌、担忧和焦虑的情境，让自己感受害怕。不要试图对抗或打断随之而来的焦虑，可以遵循以下步骤：

1. 把时间花在你害怕的物品，活动，情境，甚至想法上。

2. 尽量减少安全行为、支持人员和支持物品的使用。在练习的过程中尽量不使用它们。

3. 变得害怕。

4. 让自己去体验恐惧，而不是试图摆脱它。

5. 保持这种状态，直到恐惧程度有所下降，主要是靠其自行下降。在你离开（让你感到害怕的情境、活动或物品）之前，让恐惧感消散，至少在一定程度上消散。

6. 回顾你的结果。主动接触练习的结果是什么，在这过程中发生了什么？与你自己预期的结果相比如何？

7. 如有必要，定期重复上述步骤。

人们经常误解主动接触练习的含义。他们明白应该把时间花在使人感到害怕的事情上，而不是逃避。但当他们去进行主动接触练习时，他们认为他们理应进入那些令人害怕的情境（例如，在高速公路上开车，在拥挤的商场购物、乘坐电梯）并且尽量不去感到害怕，也许应该采用分散注意力的方法，或者试图对接下来的恐惧感是否会消减进行推理，或者采取一些其他的安全行为，诸如此类。即使他们明白自己不应该对抗恐惧，但也发现自己总是选择对抗，因为这是一种本能。

哈里很害怕在高速公路上开车。他本可以每天走高速公路上下班，速度要快得多，然而他总是不得不多花几个小时在当地的公路上开车。他努力通过主动接触练习来克服这种恐惧。有一天，他告诉我，他完成了上个星期的作业：共到高速公路上开车3次，每次30分钟。我问他感觉如何，他说："这感觉太好了！我居然一次恐慌症都没有发作！"

我鼓励他："不错，继续努力！"虽然我们对此感到开心，但我有点担心。为了重新训练他的杏仁核，他需要在高速公路上开车时经历真实的恐慌症发作。他得让自己发现，不管这次经历有多么不愉快，他都能处理好，仍然能继续开车，让恐慌情绪自行平息下来，而不是试图让它们消失。他尤其需要让自己的杏仁核也发现这一点。这就是主动接触练习的原理。这么做，并不是企图让你变得无所畏惧，而是让你自己感到害怕，并且使恐惧逐渐平息，使你对恐惧症的恐惧感消散。

▎这么做安全吗？

你可以回顾自己的情况，以确定主动接触是否安全。首先，要意识到，你面对的是一种你想克服的恐惧。这样做，本身就把那种恐惧归入了一个特殊的类别。为了克服恐惧来我的办公室寻求帮助的人们来之前就已经下定决心要这样做，他们知道这对他们是有益的。他们知道，恐惧对他们的生活毫无益处，并阻止了他们按照自己想要的方式生活，也没有让他们更安全。从来没有人找我帮忙克服他们对横穿八车道高速公路或跳进动物园的狮子笼里的恐惧，因为那意味着真正的危险！人们通常并不想摆脱可以警示危险的恐惧感。他们想要摆脱的是那些"欺骗"他们的恐惧感。

其次，要认真回顾并回答第4章中的所有问题。它们会引导你回顾你经历过的恐惧，帮助你思考过去这些恐惧对你造成的实际影响，而不是你担心它会造成什么样的影响，或以为它造成了什么样的影响。这里的关键词是"实际影响"。如果你能理解，一直以来，恐惧都只是在恐吓你，却从来没有产生过真正的危害，这也表明，你的问题需要通过主动接触练习来改善。

如果在回顾了这两个步骤之后，你还不清楚你是否适合主动接触练习，那么我建议你去咨询某个拥有治疗这些问题经验的心理治疗师。美国焦虑与抑郁协会和行为与认知疗法协会的网站上都刊载了按地理区域列出的心理治疗师名录。

怎么才能让你自己害怕？

这并不容易，也不愉快，但大多数人都能做到。因为我们的本能是对抗或避免恐惧，这个目的轻而易举就能达到：它就深藏在你的脑海中，你到哪里它都如影随形。每当我和一群害怕飞行者一同乘坐飞机并进行主动接触练习时，总有些人问我，他们是否可以带上他们的赞安诺或安慰动物，或者带着视频，以便在飞行的过程中分散他们的注意力。我就会用这种方式来提醒大家我们的目的是什么。

让我们想想，我们为什么要飞往底特律（或我们要去的任何地方）。我们在底特律没有任何事情要做，没有人会去机场接我们，我们甚至不会离开机场去别的地方。我们前脚一落地，后脚就会掉头乘坐另一班飞机回家。那么，我们去的原因是什么？只是为了让我们感受害怕！

这有助于他们认识到，如果把所有的时间、精力和金钱都投入在飞行恐惧研讨会上，然后再做些事情来减少他们的恐惧，其实没有多大意义。亲身去乘坐飞机飞行，让自己感受恐惧，并与恐惧周旋，而不对抗，这才是主动接触练习的要义。

人们往往希望在主动接触练习过程中继续保留一些安全行为，并且逐步将它们弃用，而不是一次性全部弃用。如果这样做能让你开始进行主动接触练习，那就这么做。但要小心，为了求得进步，你得有计划地减少对安全行为的依赖，而不是让这些行为长期保留。还要谨记于心：只有让自己感到害怕，主动接触练习才会行之有效。如果你对安全行为的依赖竟然让你在主动接触练习中不会感到害怕，那么此时就需要弃用更多的安全行为了。

让自己感到害怕并与害怕的感觉周旋，而不是"对抗"的方法包括：

- 采用AWARE步骤（第4章）。

- 记日记（第7章）。

- 使用症状清单（第7章）。

- 轻松对待"如果……怎么办"的想法（第5章和第6章）。

- 运用腹式呼吸法（第3章）。

▎为主动接触练习做计划

一次只应对一种恐惧。如果你有多种恐惧和恐慌症，首先只关注其中的一种，也许是最适合常规练习的那种，而且可以把它分解成一系列小任务。开车通常能为你提供很好的训练机会，每次向前推进一小步，而乘坐飞机训练则不太容易。

做好应急预案。假设你身处那个让你害怕的情境中，并变得十分恐惧，然后考虑你可以采用的应对措施，这有助于你带着接纳的态度，更自然地应对各种情况，而不是对抗。

不要把主动接触练习与日常工作结合起来。如果你要在高速公路上开车，你也许想着反正也要开车，就把这种主动接触练习在开车去做某事的路上做。但我建议你，主动接触练习要专门做，不要与其他事情混起来。同样地，如果你打算在多年的逃避后第一次乘坐飞机，最好是为了那个目的专门乘坐一趟短途飞机，而不是在商务旅行或度假的时候顺便进行主动接触练习。要想获得自由，你就要让自己感受到害怕，而不能被同时要完成的其他任务所牵累。

分解成小步骤。列出所有可能让主动接触练习任务变得难上加难的变量。例如，影响驾驶恐惧症的变量可能包括：

> 距离

> 道路的类型

> 时间以及车流量大小

> 天气

> 车上是有乘客还是没有乘客

为使你的计划更可能成功，首先从看起来不那么令人焦虑的任务开始，然后转向更具挑战性的任务。

提前安排时间。提前一周计划好你的主动接触练习时间表。不要等着每天醒来，临时决定是否要进行主动接触练习，提前把自己的时间锁定。对于大多数的主动接触练习来说，一个小时就已经足够了。但是，一定要留好时间余量，以便你可以延长练习的时间，并防止你在快结束的时候感到非常焦虑。在这种情况下，延长时间反而会对你大有益处，焦虑就会在你结束练习之前消失。

事先确定你要做什么。如果你在开车，事先决定你要去的目的地。如果你事先没有计划，可能会一直开到你感到焦虑，然后就掉头回来了。离开车子的确会让你感到解脱，然而却让你"赔了夫人又折兵"，毫无收获。如果你决定乘电梯，在你从里面出来之前，计划好在里面待上一段时间。你不必在里面来回走动，甚至不用去关电梯门，但要在电梯里待一段时间。否则的话，离开电梯会让你感到无比解脱，而这恰恰是无益之举！与我们想要的效果南辕北辙。

确保你的主动接触练习是"相关的"。如果你在面对陌生人或参加派对时感到焦虑，却一直躲在角落里晃悠，不去主动向任何人介绍自己，那么，你实际上是在逃避你害怕的东西，这对你毫无助益。如果你害怕在超市买东西时排很长的队，但只选择在人少的时候去排队，也依然无益。直面让你害怕的事情，才能得到有效的练习。

如果你找不出具体的线索或让你感到恐惧的事物，那就进行主动接触练习。有时，人们看不出恐慌症发作的明显模式。它们似乎在不同的时间出现，没有任何外部明显的线索。使用《恐慌日记》来试着看看你是否可以注意到任何其他的模式。也有可能你的线索是内在的，不是外在的，这些往往很难被注意到，或许是在你无聊的时候，或者是在你做一些不感兴趣的事情的时候，或者你吃得很饱的时候，就会感到恐慌。也许当你的某些想法或感觉出现时，不论你是在哪里或在做什么你都可能感到恐慌。这通常会有某种固定的模式，哪怕只是你的脑海里出现了某种想法，比如，万一我现在恐慌了，怎么办？那么接下来，你可以针对这个线索，进行主动接触练习。

带着害怕的想法进行主动接触练习。有时人们会问这样的问题："当想到死亡时，我就会感到恐慌。我能做什么？我不可能让自己去主动接触死亡吧！"当然不可能，但你可以让自己主动接触关于死亡的想法，或者任何其他类似这种想法的线索。正是这种想法触发了你的恐慌，而不是死亡或其他灾难。而第6章介绍了各种各样的方法来轻松地主动接触这些"如果……怎么办"的想法。

当谈到主动接触练习时，人们通常都会感到害怕。比如当我和害怕开车的患者讨论开车的事情，或者和害怕飞行者讨论坐飞机的事时，这种情况就会出现。当我向一群害怕飞行者发送电子邮件通知他们事情时，他们只要看到邮件的主题是关于飞行的，就会出现这种情况！仅仅因为我们谈话中表达出这样的想法，他们就会感到害怕。当出现这种情况时，针对内心中的想法进行主动接触练习的机会就出现了。你可以大声重复那些让你害怕的想法，重复15~20次，直到它们再也不可能扰乱你的心神。

这不是一次测试，这是练习。 当我们讨论他们进行主动接触练习可以采取的步骤时，患者经常会说："这将是一次很好的测试！"主动接触从来都不是测试。测试的意思是："放下铅笔！把试卷交上来！最终的结果将会成为你永久的记录！你是通过了还是没通过？"但是，主动接触仅仅是练习而已。你总是有更多的机会，按照你最合适的节奏，一次一个步骤地前行。

焦虑症不是一种病。 焦虑症只是比普通焦虑略微严重的一种版本。普通的焦虑存在于我们每个人的生活中，这对我们的生存是必要的，你千万不可想要去消除所有的焦虑。这既不值得，也不可能。相反，无论对待什么形式的焦虑，你都应把注意力集中在如何更好地接受它们，并与其共存上。我们不可能像治愈传染病那样来"治愈"焦虑。我们只是通过消除对焦虑症的恐惧，让人从焦虑症中"康复"。

本章小结

　　主动接触练习最违反直觉的一面是：它要求你心甘情愿地让自己变得害怕，并克制自己不要做出打断或停止焦虑的反应。主动接触练习不是要你在害怕的时候"挺过去"，它是要你允许自己感到害怕，并且待在原地，给恐惧感一些时间，让它逐渐消失。这就是在重新训练你的杏仁核，并消除你对恐惧症的恐惧的方法。

　　恭喜你！你已经读完了本书，并且可能也已经尝试了书中的一些练习和实验。如果你准备好了，现在正是时候开始将这10种简单的方法有规律地付诸实践了。加入那些不再对恐惧感到害怕的人们的行列吧！

后记

这就是10种你可以用来战胜焦虑的简单方法。你还可以用它们来改变你通常对慢性焦虑症的症状与信号的反应，这样就能为你未来的生活带来更好的改变。

这是一本以行动为导向的书，因此，我努力让这10种方法尽可能清晰且具体地呈现出来。这并不意味着它们很容易做到。相反，它们通常很难做到。但如果你一步一步坚持下去，我想，你会发现它们将逐渐变得容易。

人们多么渴望"快点熬过"那些极度焦虑和恐慌的时刻，以至于往往没有注意到，自己是如何在某个时刻放弃了按照自己想要的方式来生活的机会。他们上了内心焦虑感的当，做了那么多划不来的交易，以长期的自由为代价，仅仅换得一时的欢愉，以至于他们早已无法记起自由自在地生活，随心所欲地去做事情是什么样子了。

人们在看恐怖电影时，心里会比预期的更加害怕，他们想要减少这种恐惧。这个时候，他们可以逃离剧院，但可能他们是和朋友一起去的，会觉得中途离开不合适。因此，他们会做各种各样的事情来"熬过"这部电影。他们通过打游戏和发短信来分散注意力，提醒自己"这不过是一部电影"，有时甚至紧紧抓住坐在旁边的人。如果那个人是和他们一起来的，那也没什么关系。

但是，"熬过"一场恐怖电影是一种合理的策略，因为没有哪部电影重要到你非看不可。即使当某个人决定永不再看恐怖电影，也谈不上放弃了生活中的一切，因为这只是一种娱乐活动，完全是可选的。

当你正与慢性焦虑症苦苦缠斗时，用同样的策略克服焦虑是非常诱人的。此时，你就可能会进行所有那些糟糕的交易，放弃长期的自由，同时只换得短暂的安慰。然而这和看完一部电影存在着天壤之别。当你糊里糊涂做了这些糟糕的交易时，你就把"熬过去"的策略应用到了你的生活中，而不是电影中。

这是最坏的也是最残忍的"骗术"。别上当！你唯一的生活不能就这样被糟蹋了。所以，本书中介绍的10种简单方法可以帮你战胜焦虑症的"骗术"。你可以用它们来做一些截然不同的事情，重新获得你想要的自由生活。

我经常收到世界各地的人们发来的电子邮件，他们告诉我，他们在付出努力，与慢性焦虑症进行了艰苦卓绝的斗争之后，成功地重获自由。我希望有一天能从你那里听到这样的消息！

反侵权盗版声明

电子工业出版社依法对本作品享有专有出版权。任何未经权利人书面许可，复制、销售或通过信息网络传播本作品的行为；歪曲、篡改、剽窃本作品的行为，均违反《中华人民共和国著作权法》，其行为人应承担相应的民事责任和行政责任，构成犯罪的，将被依法追究刑事责任。

为了维护市场秩序，保护权利人的合法权益，我社将依法查处和打击侵权盗版的单位和个人。欢迎社会各界人士积极举报侵权盗版行为，本社将奖励举报有功人员，并保证举报人的信息不被泄露。

举报电话：（010）88254396；（010）88258888

传　　真：（010）88254397

E-mail：　dbqq@phei.com.cn

通信地址：北京市万寿路 173 信箱

　　　　　电子工业出版社总编办公室

邮　　编：100036